建筑手绘表现技法入门
马克笔零基础篇

游雪敏 著

人民邮电出版社

北京

图书在版编目（CIP）数据

建筑手绘表现技法入门. 马克笔零基础篇 / 游雪敏
著. -- 北京 ：人民邮电出版社，2020.5
ISBN 978-7-115-53015-8

Ⅰ. ①建… Ⅱ. ①游… Ⅲ. ①建筑画—绘画技法
Ⅳ. ①TU204

中国版本图书馆CIP数据核字(2019)第294341号

内 容 提 要

在建筑设计、室内设计、户外设计、装饰设计、工业设计及其他相关领域里，提交设计方案时大多都是
通过手绘快速表现将设计者的构思传达给客户的，而马克笔手绘更是设计者必须掌握的设计手段之一。马克
笔看似简单，但要随心所欲地用它绘制出令人啧啧称赞的建筑手绘效果图，就需要掌握其基本的使用技法和
技巧。

本书围绕马克笔建筑手绘效果图中常遇到的透视、线稿和上色这三个主要问题进行讲解，共分为 7 篇
内容。"准备篇"将告诉你如何挑选一套适合自己的绘画工具；"入门篇"将教大家如何运用一支笔、一把
尺子、一个图钉就能画好建筑效果图中的各种透视；"上手篇"将教大家轻松搞定建筑线稿；"提高篇"和
"进阶篇"则讲解了使用马克笔上色的基础笔法和一些特殊技巧；本书最后的"开挂篇"和"彩蛋篇"，将
向大家传授手绘建筑效果图的 6 个必备技巧。

本书不仅适合建筑设计专业的在校学生、建筑设计公司的职员、手绘设计师及对手绘感兴趣的读者阅读
和使用，同时也可作为培训机构的教学用书。

- ♦ 著　　　　　游雪敏
  责任编辑　　王　铁
  责任印制　　陈　犇

- ♦ 人民邮电出版社出版发行　　北京市丰台区成寿寺路 11 号
  邮编　100164　　电子邮件　315@ptpress.com.cn
  网址　https://www.ptpress.com.cn
  雅迪云印（天津）科技有限公司印刷

- ♦ 开本：787×1092　1/16
  印张：11　　　　　　　　2020 年 5 月第 1 版
  字数：282 千字　　　　　2020 年 5 月天津第 1 次印刷

定价：69.80 元

读者服务热线：**(010)81055296**　印装质量热线：**(010)81055316**
反盗版热线：**(010)81055315**
广告经营许可证：京东工商广登字 20170147 号

目　　录
CONTENTS

准备篇：入手适合你的画具

入门篇：捕获透视的奥秘

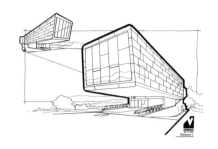

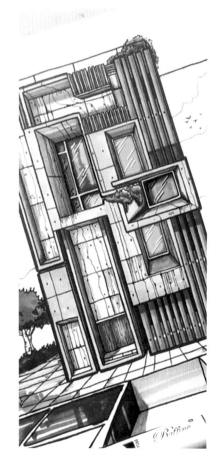

上手篇：轻松搞定建筑线稿

提高篇：搞定"上色"

进阶篇：马克笔进阶笔法

开挂篇

彩蛋篇

扫码看视频

集齐一套顺手的画具就能召唤"神龙"哦！好的绘画工具才能让你的能力得到最大限度的展现。工具不在乎贵贱，用着顺手，适合自己，就是最好的。

007

准备篇 / 挑选一套顺手的绘图笔

任何一张手绘图都是在线稿的基础上完成的，好的线稿能让后续的绘图工作轻松而愉快，能让最终效果惊艳而不落俗套。要画出好的线稿，挑选一套顺手的绘图笔就显得至关重要，可以说，绘图笔是建筑手绘的"灵魂"，某些时候起着决定性作用。

一般来说，绘图笔分为四种：铅笔（自动铅笔）、针管笔、勾线笔和签字笔。其中使用频率最高的就是自动铅笔和针管笔。

自动铅笔一定要选择防断的，针管笔则需要使用耐水的，特别是在需要上色的画稿上就必须要使用耐水针管笔。

当然，橡皮擦也是必不可少的，除了绘图橡皮以外还有笔形橡皮擦，也是给你的画面加分的神器，如果要参加研究生考试，那这个就是必备的"考试武器"了。

现在市面上有很多不同品牌和型号的绘图笔，大家都可以试一下，然后挑选出自己用起来最顺手的一种。在本书中，将推荐几种作者喜欢使用的笔和常用型号。

樱花针管笔　油漆笔　三菱针管笔　自动铅笔　耐水签字笔　绘图橡皮　笔形橡皮擦　高光笔　色粉笔　勾线笔

铅笔是作画的基础工具，
它分为可削铅笔和自动铅笔两种。
碳笔也可以运用在特殊效果的绘制中。

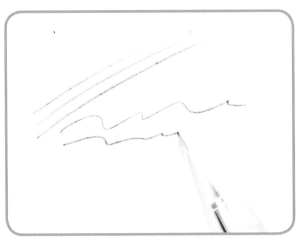

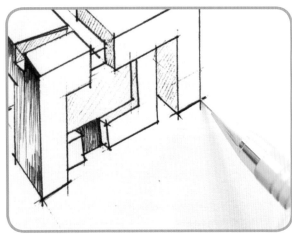

　　自动铅笔在手绘图中有着非常重要的作用，其设计之初是为了让人书写顺畅并免去削铅笔的麻烦，因此它具有很好的稳定性，而这也成了手绘图中大量使用自动铅笔的原因。一支好的自动铅笔能让你的绘图过程轻松而愉快。

准备篇 / 集齐一套"傲骄"的尺子

　　尺子对于绘制建筑效果图来说是很重要的，特别对于新手来说，更是一大利器！

　　常用的尺子有：直尺、三角尺、推尺、比例尺、圆模板、各类图形模板、曲线尺、蛇形尺、丁字尺（常用于绘制施工图纸）。

　　个人建议至少要有一套三角板和一把推尺。

圆模板

三角板

曲线尺

蛇形尺

椭圆模板

比例尺

推尺

量角器

　　马克笔最早是美国的伐木工人为了在砍下的树木上做记号而产生的，从它的英文单词"MARKER"就能清楚地知道它的用处，最早也被翻译成"记号笔"。

　　由于其具有快干、显色度高、笔形颜料使用方便并能长久保存的特点，使得马克笔成了各类设计手绘图的首选绘图工具。

　　市面上的马克笔种类实在是太多了，多得让人易犯"选择困难症"。价位不同、产地不同、墨水不同，甚至连笔杆材料都不同，如果你是一位新手，那么很可能会感到非常纠结！

　　那么就让我来带你摆脱这种纠结吧！

马克笔大致可分为：油性马克笔、酒精性马克笔、水性马克笔和现在最流行的酒精油性马克笔 4 种。

油性马克笔覆盖力强，色彩鲜艳，但是不够透明。

酒精性马克笔色彩透明，笔触明显，持久性稍差。

水性马克笔颜色柔和，由于其水性慢干和浸染严重的问题，个人觉得不太适合画建筑手绘图。

酒精油性马克笔兼具油性马克笔和酒精性马克笔的优点，不但色彩鲜艳透明，还有很好的快干性和长时间不变色的优点。最逆天的是它能跟几乎所有油性和酒精性马克笔混合使用，五星推荐。

现在使用最多的国产马克笔品牌有马可、STA、FINECLOUR、TOUCH，它们具有性价比高，性能较稳定的特点。

国外品牌有 COPIC、IMARK、RHINO，其中 COPIC 价格最高，其他两个品牌的价位也比国产马克笔高了不少，但是整体质量更好。

新人的话推荐使用国产品牌，再集齐几支进口品牌的万能色就可以了。

油性马克笔

酒精性马克笔

水性马克笔

酒精油性马克笔

Marco（本书中简称MC）

酒精油性马克笔，色彩饱和透明，笔头由高级纤维材料制作而成，出水稳定，笔触特别干净，价格适中，推荐使用。

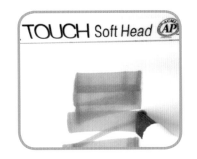

TOUCH

酒精性马克笔，色彩较为饱和，笔头较软，出水不太稳定，价格亲民，适合新人和练手使用。

iMark

酒精性马克笔，色彩非常饱和，笔头材质很好，出水稳定，笔触干净，价格较贵，适合老手和考试使用。

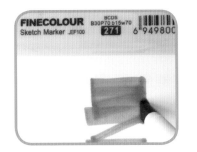

FINECOLOUR

酒精性马克笔，色彩较为饱和，笔头材质很好，出水稳定，笔触较软，价格适中，推荐使用。

STA

酒精油性马克笔，色彩饱和透明，笔头为纤维材质，出水稳定，笔触特别干净，价格适中，推荐使用。

STA-AQUARELLE

水性马克笔，可水溶，可跟水彩混合使用，适合插画和动漫绘制，不推荐用于效果图手绘。

Rhinos

油性马克笔，色彩饱和透明，笔头为发泡材质，出水稳定，笔触干净，手感很好，价格较贵，适合老手和考试使用。

CHameLeon

酒精性马克笔，是特种马克笔，所有型号均有渐变色功能，价格非常贵，适合工业设计师和插画师使用。

准备篇 / 给你的作品配上"门当户对"的纸

　　绘图纸是一切绘画的基础，所有的效果都是在纸上呈现的，要想画出漂亮的手绘图，那你一定要舍得用一张好的绘图纸。

　　可以作为绘图纸的纸张大概有这几种：复印纸、素描纸、制图纸、马克笔专用纸和彩色喷墨纸。

　　纯线稿练习可以使用最经济实惠的复印纸，设计图手绘可使用制图纸。

　　需要用马克笔上色的图请一定使用马克笔专用纸。

马克笔专用纸

笔触柔和清晰，色彩还原度好，是马克笔的标配，推荐使用。

彩喷纸

笔触清晰，显色佳，但是不便于修改，不适合新手使用。

素描纸

显色度一般，笔触浑浊，质感粗糙，不推荐使用。

水彩纸（中粗）

显色不佳，质感过于粗糙，笔触浑浊，价格贵，不推荐使用。

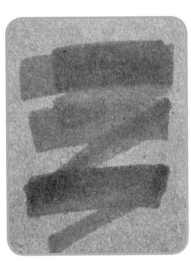

色底纸

用于特殊效果和色底纸画使用。

复印纸

浸染厉害，显色灰暗，质地太薄，但是价格便宜，可做线稿练习使用。

入门篇：捕获透视的奥秘

让你的"视平线"会说话

视平线真的是自带"表情包"，所有物体都会跟着它的位置变化而呈现出不同的"颜值"，只要用好了这些"表情包"就能让你的画面充满故事感。

透视图中视平线（EL）和水平线（HL）是一样的，都是代表了观看者的视平消失点（灭点）的聚集线。

一点透视说白了就是只有一个灭点!

一点透视也叫作"平行透视",以立方体为例,就会只有一组向灭点聚拢的斜线,其余的都互为平行线和垂直线。

一点透视相关透视词汇缩写

水平线:HL

视平线:EL

灭点:VP

现在就跟我
一起画起来吧!

扫码看视频

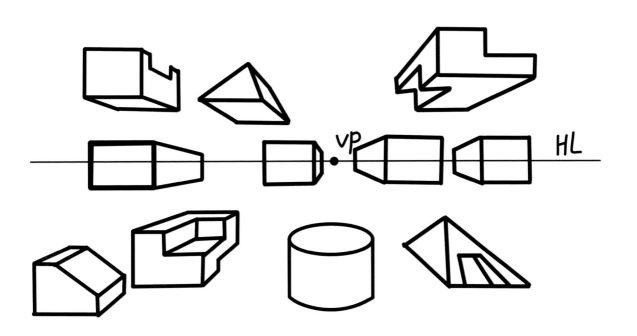

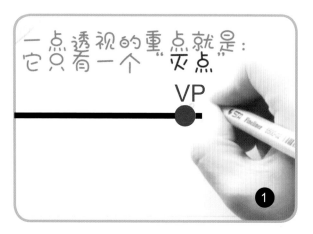

一点透视的重点就是：
它只有一个"灭点"

VP

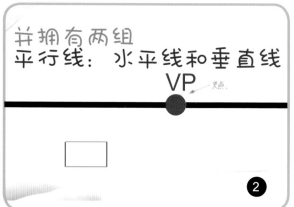

并拥有两组
平行线：水平线和垂直线
VP

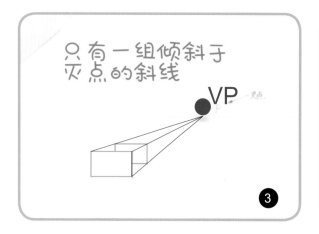

只有一组倾斜于
灭点的斜线
VP

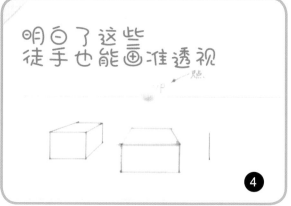

明白了这些
徒手也能画准透视

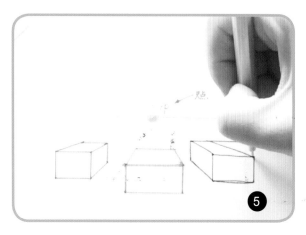

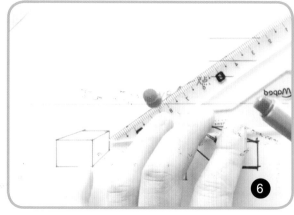

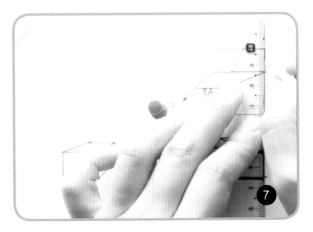

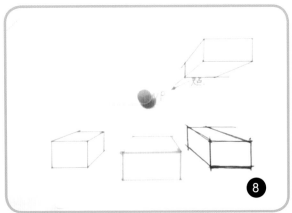

在灭点上种一个图钉，用直的东西对紧它

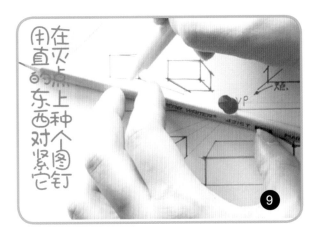

就道理明白了能随意折腾了

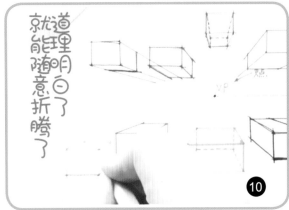

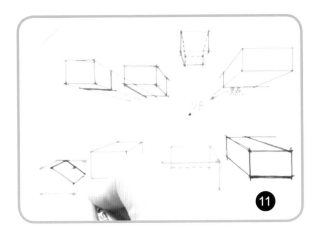

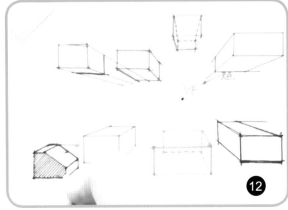

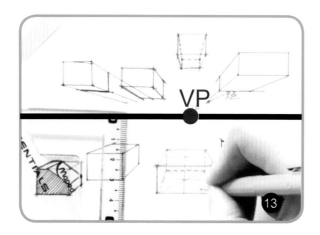

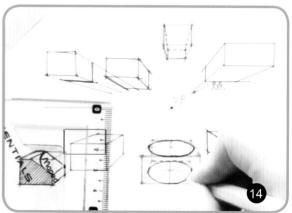

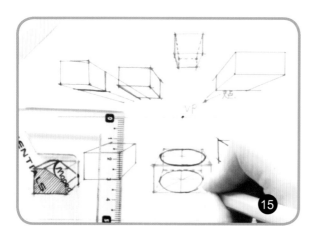

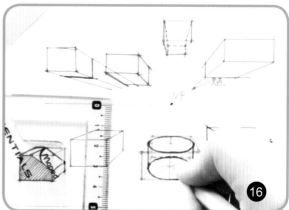

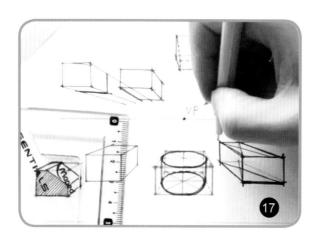

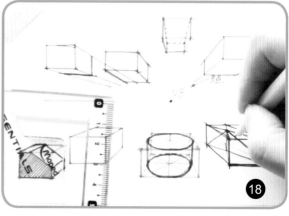

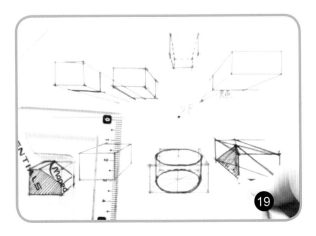

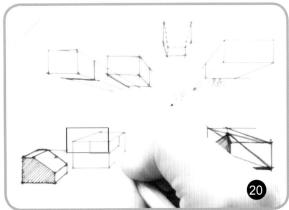

现在开始各种切

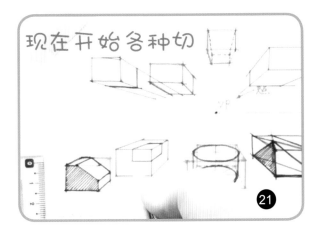

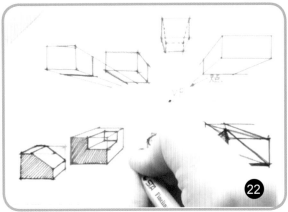

再来点光源

有了结构线

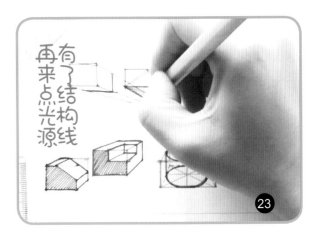

就立出体现的了新世界

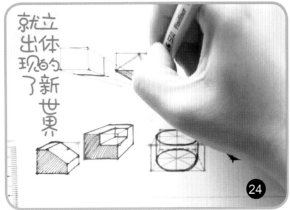

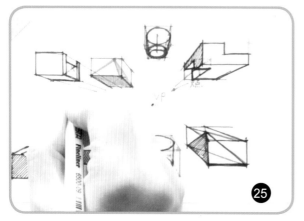

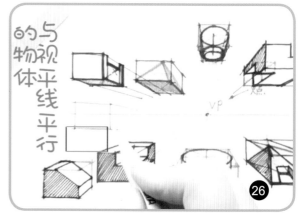

与视
物
体平
线平
的行

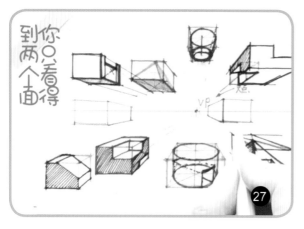

你只看得
到两个面

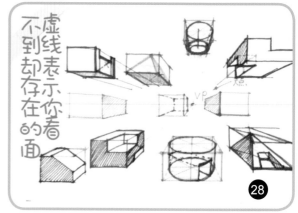

虚线表示你看
不到却存在的面

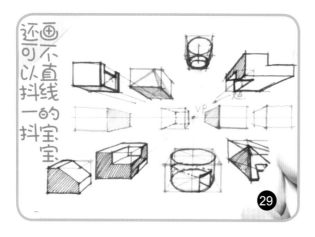

画不直线的宝宝
还可以抖一抖

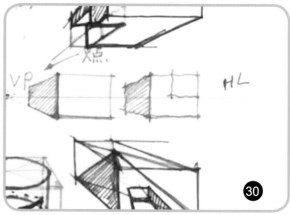

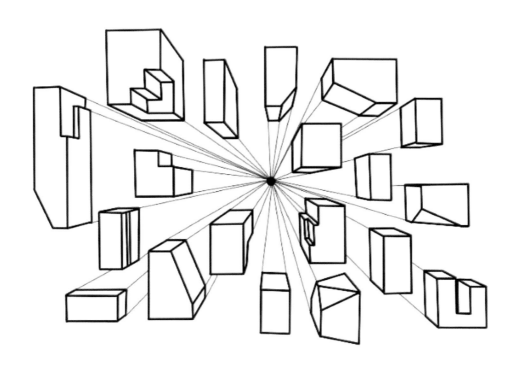

跟着画完上面这套练习图，你就已经掌握一点透视了哦~~

现在来试试
画个一点透视的建筑吧！

示范 1

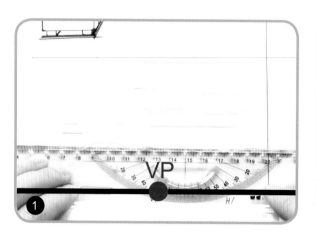

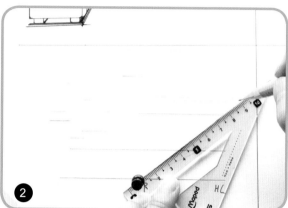

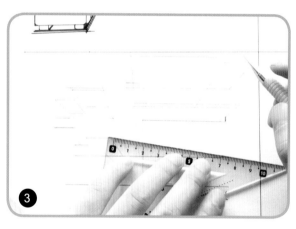

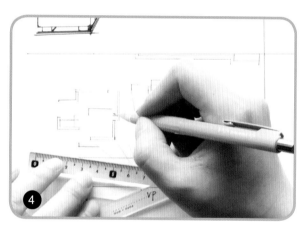

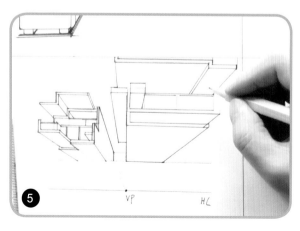

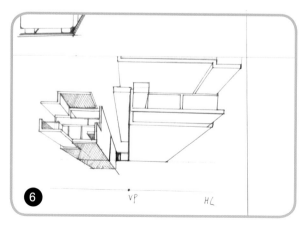

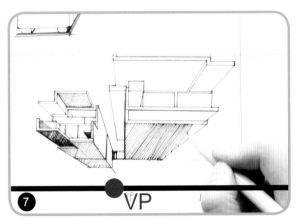

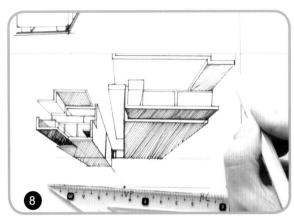

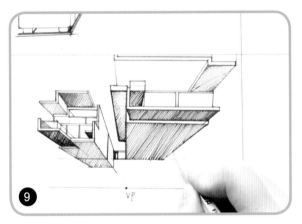

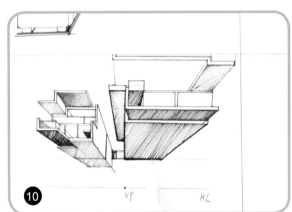

这个小练习做完了吗？

那现在来
画个复杂点的吧！

示范 2

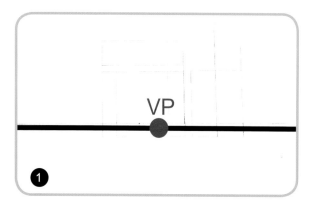

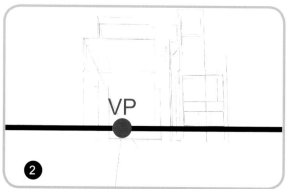

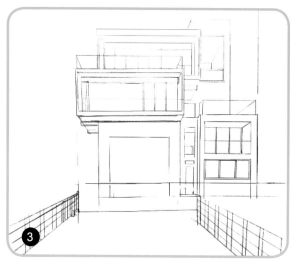

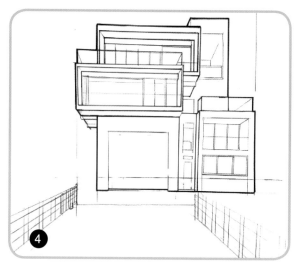

两点透视 = 有两个灭点！

两点透视也叫作"成角透视"，以立方体为例，就会有两组分别向左右灭点聚拢的斜线，只剩一组相互平行的垂直线。

两点透视相关透视词汇缩写
水平线：HL
视平线：EL
左灭点：VPL
右灭点：VPR

赶快跟我
画起来吧！

扫码看视频

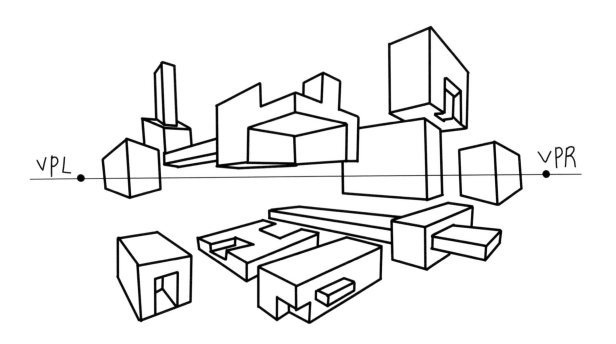

VPL

VPR

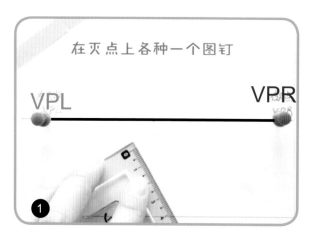

在灭点上各种一个图钉

VPL　　　VPR

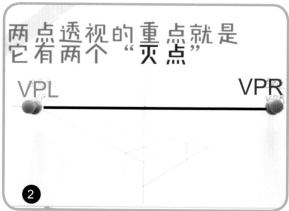

两点透视的重点就是
它有两个"灭点"

VPL　　　VPR

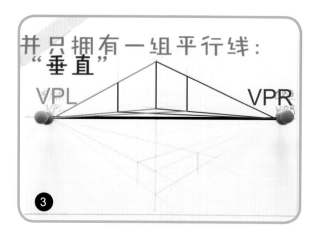

并只拥有一组平行线：
"垂直"

VPL　　　VPR

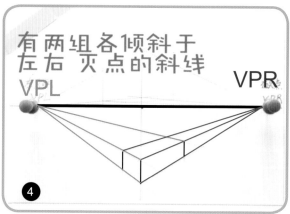

有两组各倾斜于
左右 灭点的斜线

VPL　　　VPR

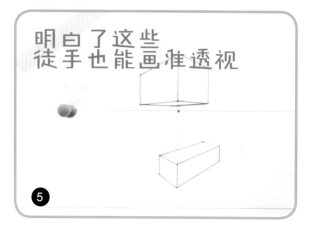

明白了这些
徒手也能画准透视

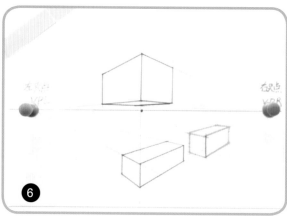

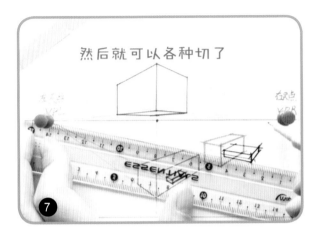

然后就可以各种切了

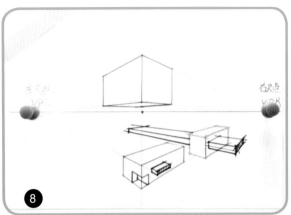

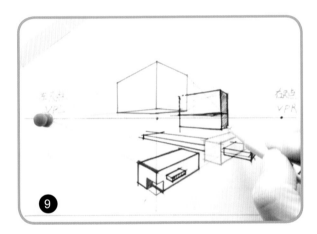

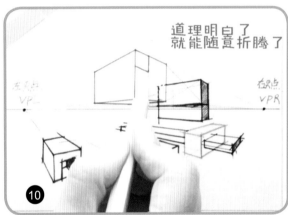

道理明白了
就能随意折腾了

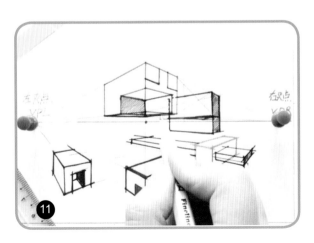

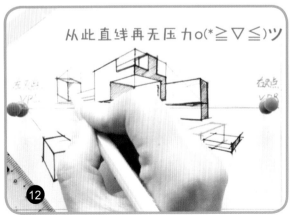

从此直线再无压力o(*≧▽≦)ツ

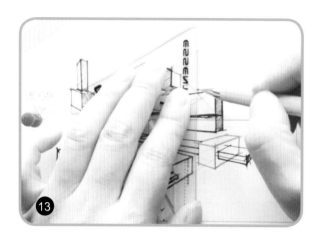

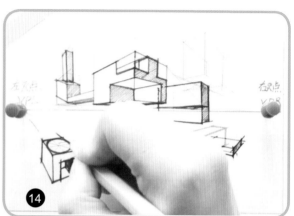

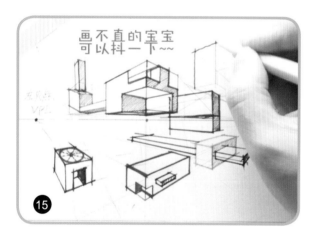

哥不直的宝宝
可以抖一下~~

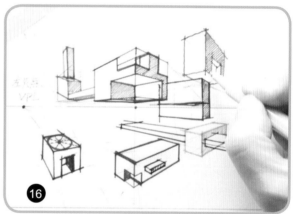

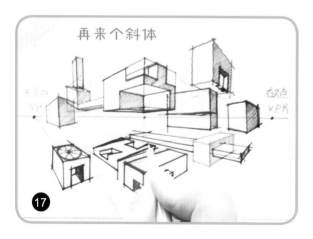

再来个斜体

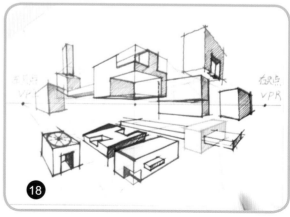

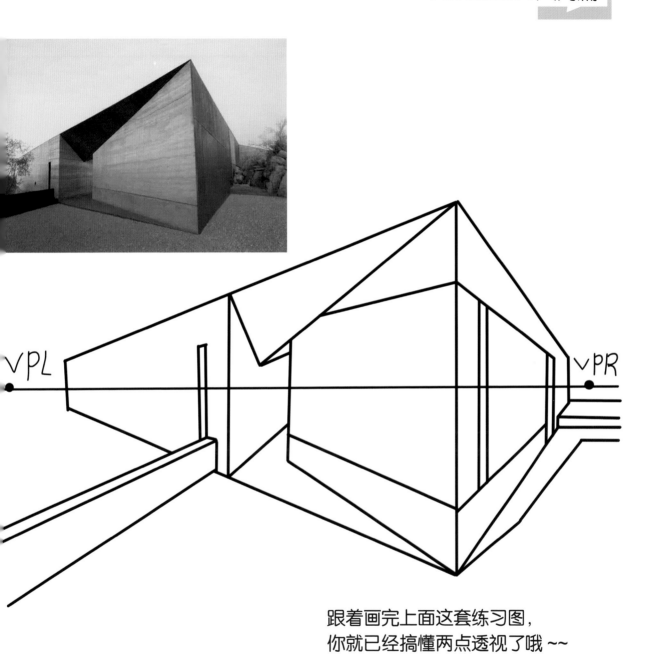

VPL

VPR

跟着画完上面这套练习图，
你就已经搞懂两点透视了哦~~

现在来试试
画个两点透视的建筑吧！

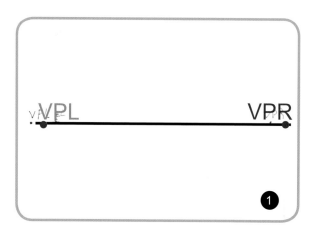

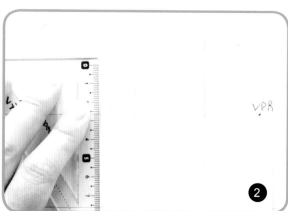

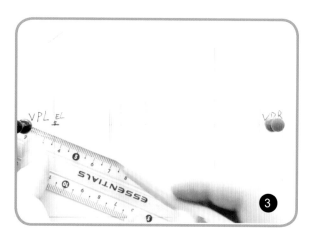

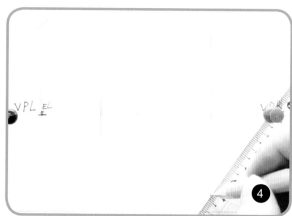

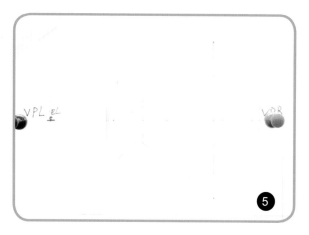

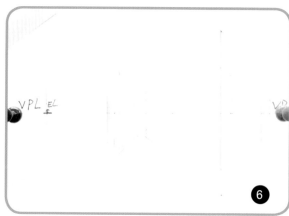

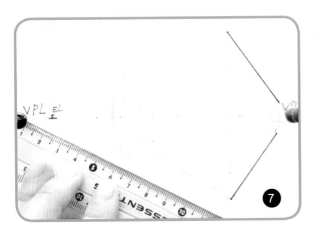

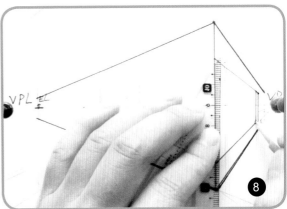

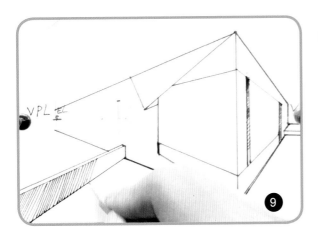

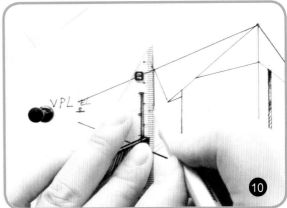

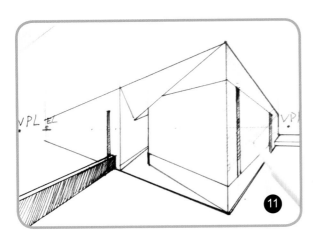

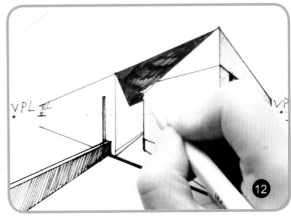

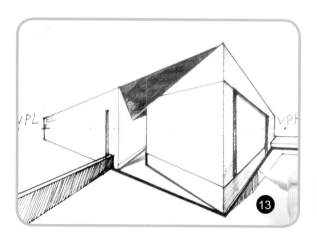

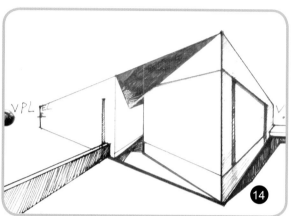

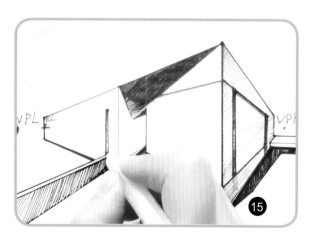

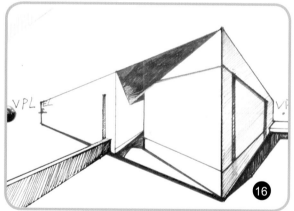

跟着画完上面这套练习图，你就能够掌握两点透视了哦 ~~

现在来升级掌握
三点透视的技能吧！

三点透视 = 有三个灭点!

三点透视里的所有线都是倾斜的,不可能出现任何一组平行线或者垂线,所有线都会最终消失于相关灭点。

三点透视相关透视词汇缩写
水平线:HL   视平线:EL
左灭点:VPL 右灭点:VPR
垂直灭点:VPV

赶快跟我
画起来吧!

扫码看视频

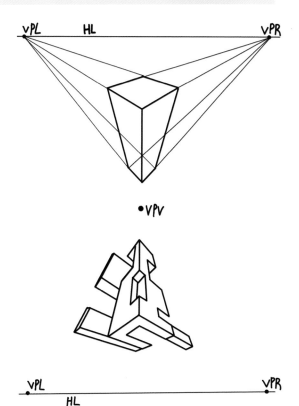

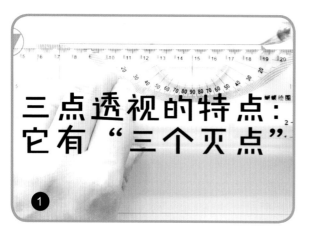

三点透视的特点：
它有"三个灭点"

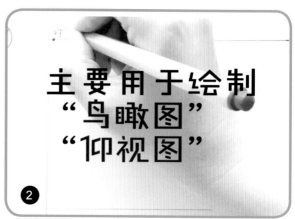

主要用于绘制
"鸟瞰图"
"仰视图"

VPL　　HL 水平线　　　VPR
左灭点　　　　　　　　右灭点

标志性的 •VPV 灭点

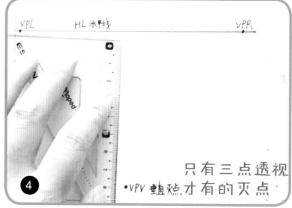

VPL　　HL 水平线　　　VPR

只有三点透视
•VPV 灭点才有的灭点

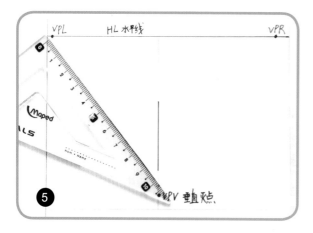

VPL　　HL 水平线　　　VPR

•VPV 灭点

VPL　　HL 水平线

先来看看"鸟瞰图"

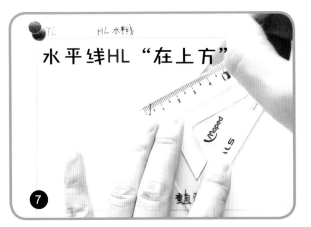

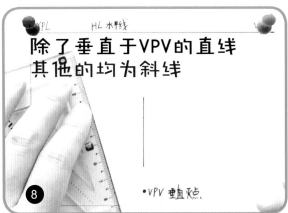

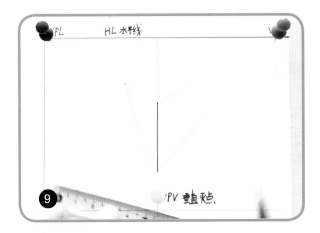

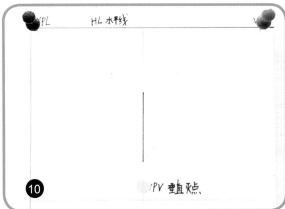

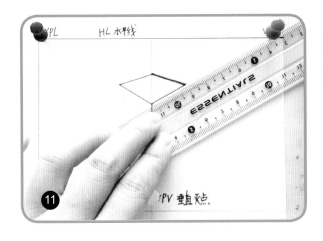

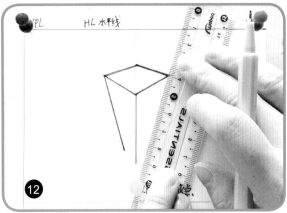

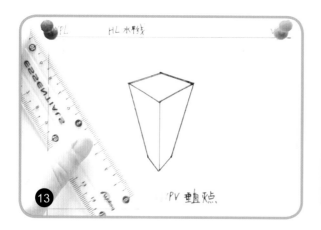

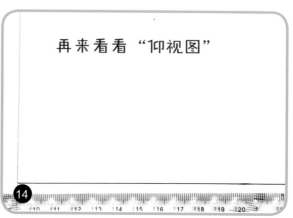

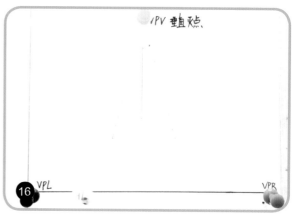

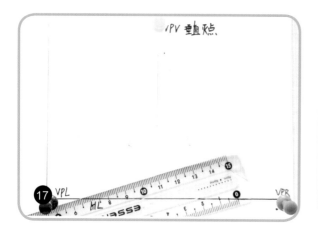

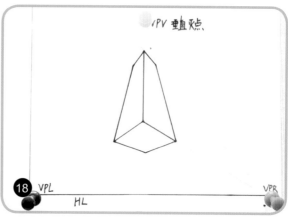

现在来试试
画个三点透视的变形体吧！

扫码看视频

跟着画完下面这套练习图，
你就已经能玩转三点透视了哦 ~~

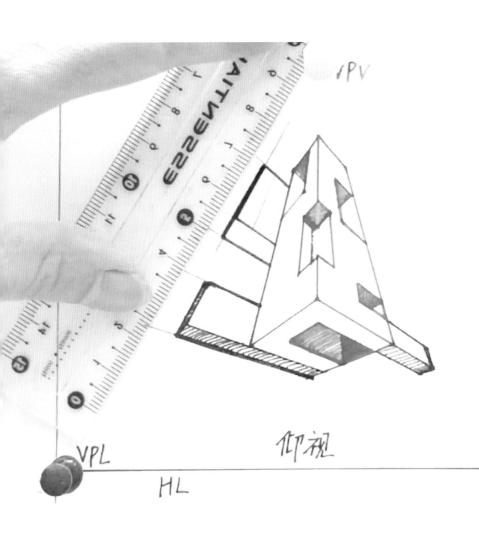

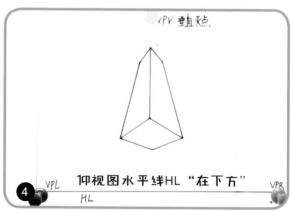

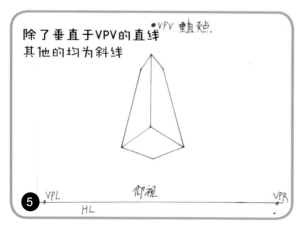

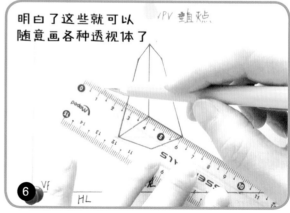

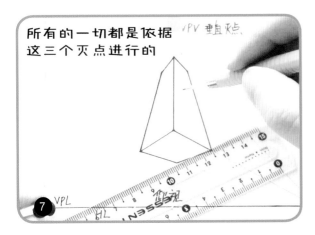

所有的一切都是依据
这三个灭点进行的

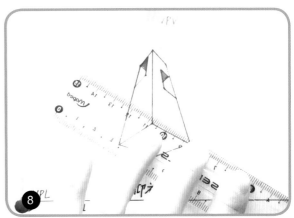

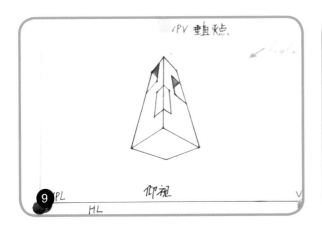

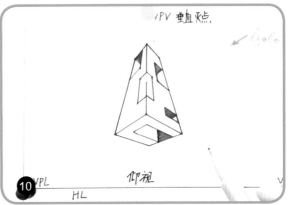

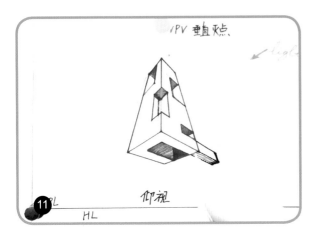

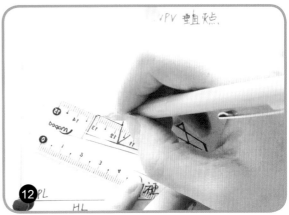

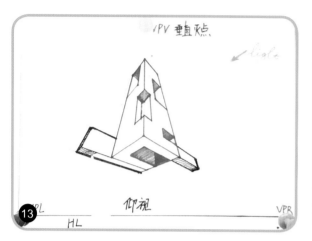

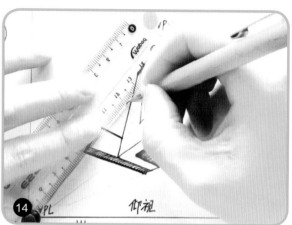

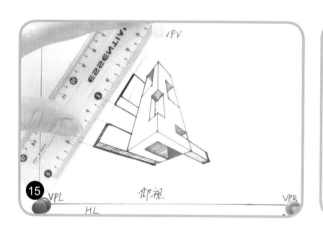

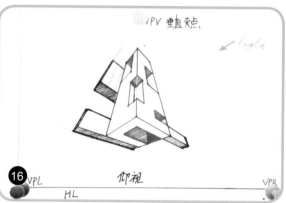

跟着画完上面这套练习图，你就已经玩转三点透视了哦～～

下面来降服
"线稿"这个磨人的小妖精吧～

让我们来轻松愉快地
搞定建筑线稿吧！

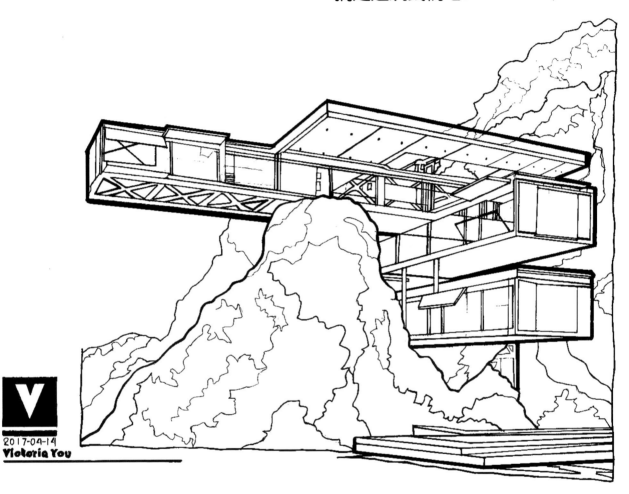

2017-04-14
Victoria You

现在我们要
先学会画简单的线稿定形法

快直线的正确画法

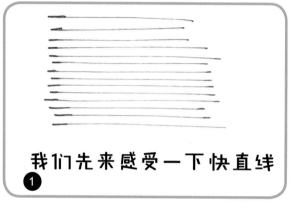

我们先来感受一下快直线

①

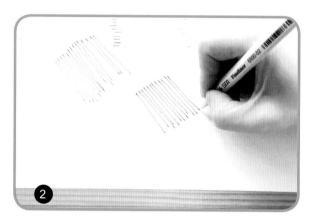

②

快直线的正确打开方式

③

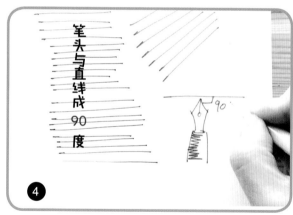

笔头与直线成90度

④

笔头以45度角倾斜于纸面

⑤

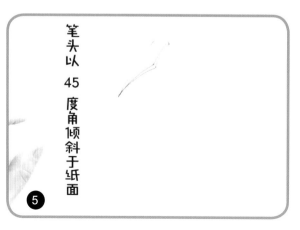

⑥

快直线的错误画法

以下是错误笔法

1

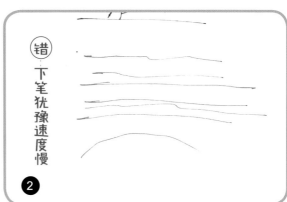

(错) 下笔犹豫速度慢

2

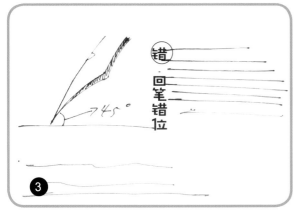

(错) 回笔错位

3

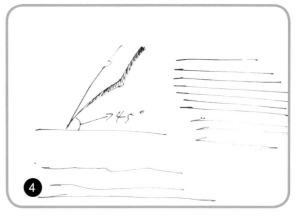

4

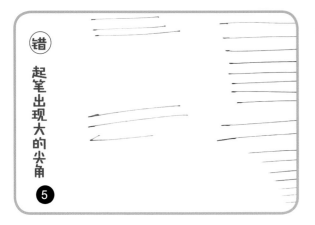

(错) 起笔出现大的尖角

5

(错) 收笔出现回钩

6

快直线的排线练习

快直线运用的不是手腕
用手腕画出的是曲线

以下是几种快直线的练习方法

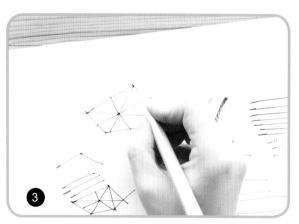

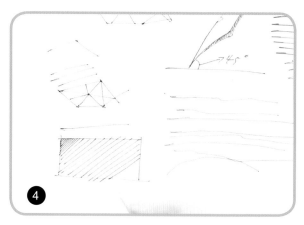

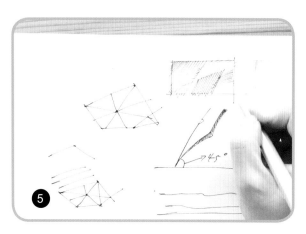

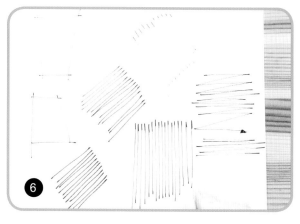

先从线稿入手哟 ~~

现在来跟着我
做些练习吧！

单体案例示范

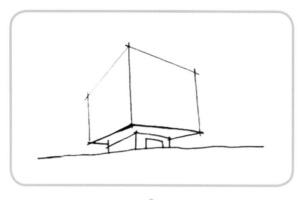

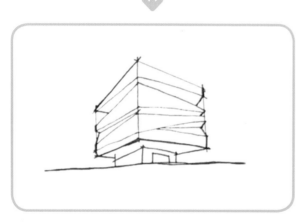

单体案例示范

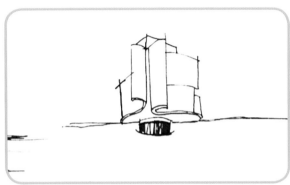

单体案例示范

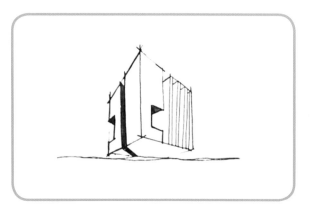

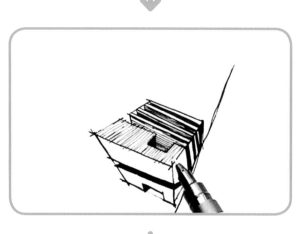

练习完了快直线的各种画法，是时候来学画慢直线了哟 ~~

慢直线的正确画法

扫码看视频

我们先来感受一下 慢直线

①

慢直线的特点是「抖」

②

各种抖，但绝对不乱抖

③

要向一个方向稳重的抖

④

移动时跟快直线一样靠手臂的运动，不能用手腕

⑤

只要线条的方向准确，透视和结构自然是准确的

⑥

慢直线的正确打开方式 ⑦

可以尾部抖也可以全部抖 ⑧

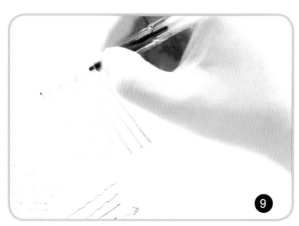

⑨

慢直线抖的原因是为了掩盖慢速画线时手部的起伏形成的线条抖动 ⑩

下图即是运用慢直线技法绘制的效果图。

慢直线的错误画法

错误 笔法

错误 线条重叠和方向混乱

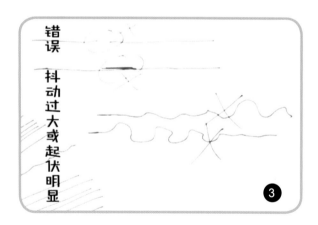

错误 抖动过大或起伏明显

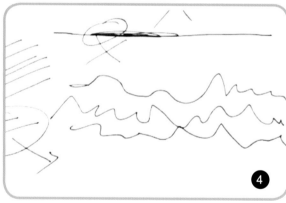

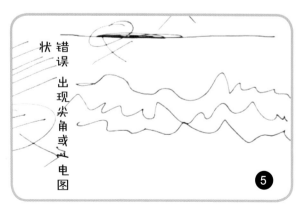

错误 出现尖角或心电图状

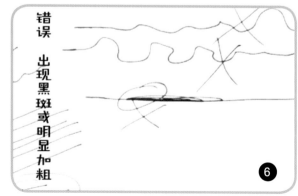

错误 出现黑斑或明显加粗

慢直线的排线练习

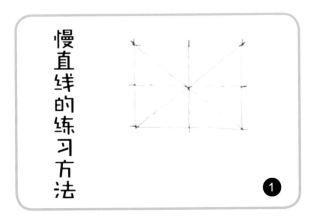

慢直线的练习方法很简单，只要运用好之前所讲的几个技术要点，然后按照下图所示进行练习，就能收到不错的效果。

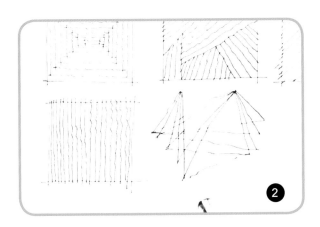

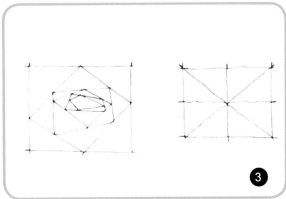

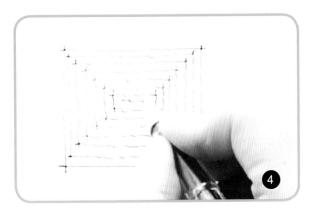

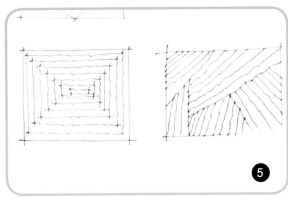

慢直线的排线练习

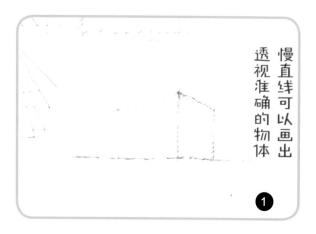

慢直线可以画出透视准确的物体

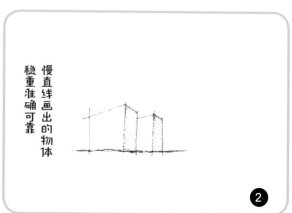

慢直线画出的物体稳重准确可靠

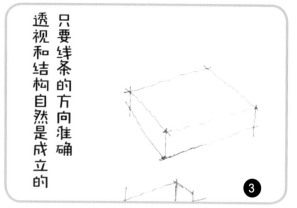

只要线条的方向准确透视和结构自然是成立的

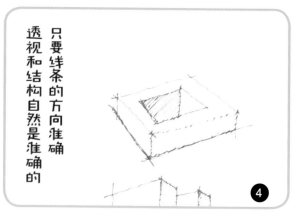

只要线条的方向准确透视和结构自然是准确的

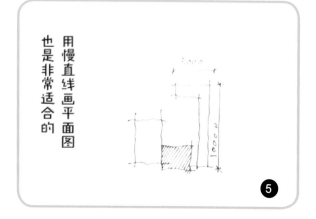

用慢直线画平面图也是非常适合的

单体案例示范

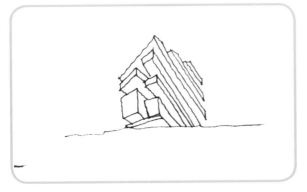

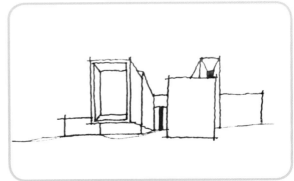

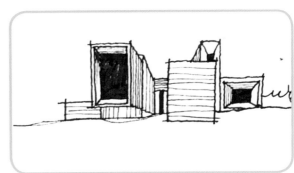

单体案例示范

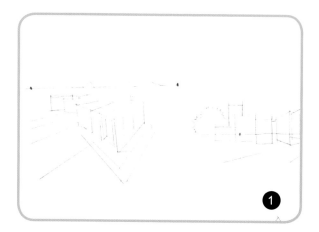

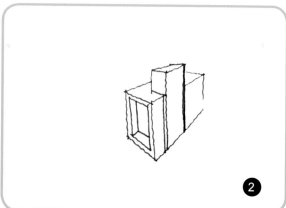

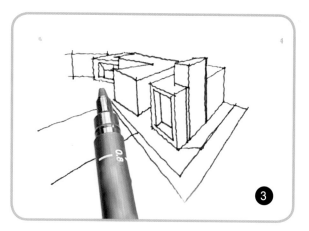

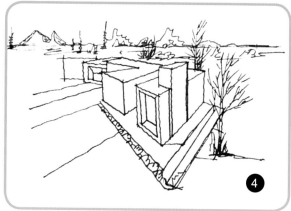

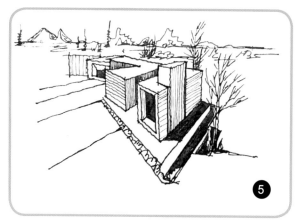

单体案例示范

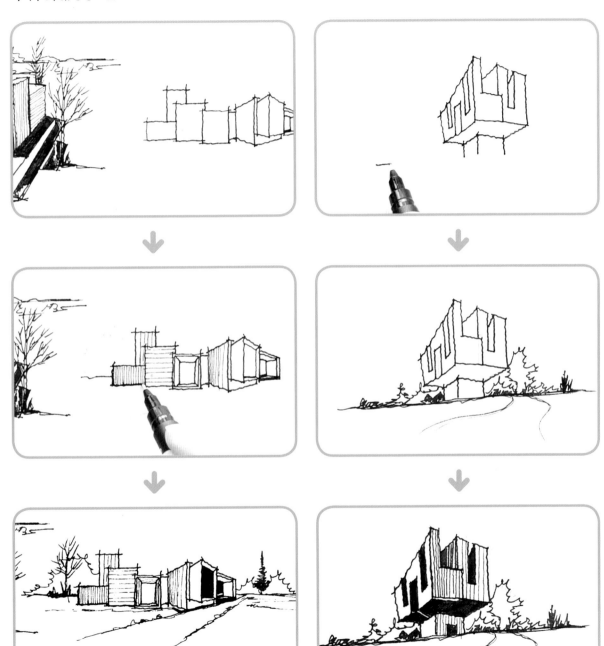

2017.12.24

跟着画完下面这些练习图吧 ~~

接着我们就要去愉快地搞定建筑线稿了!

提高你的尺子使用技能 / 示范 1

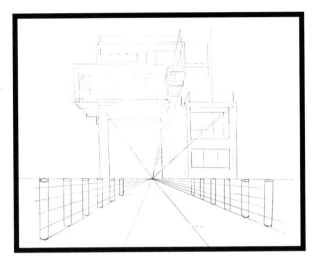

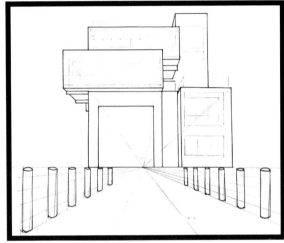

1 运用之前讲的透视画法拉出结构线，上图是 "一点透视"，所以只有一组透视线。

2 使用针管笔，最好是耐水性的针管笔，在结构线的基础上，运用快慢直线技法或在尺子的辅助下加上墨线。

3 最后擦掉铅笔痕迹，就得到了可以用来上色的线稿了。

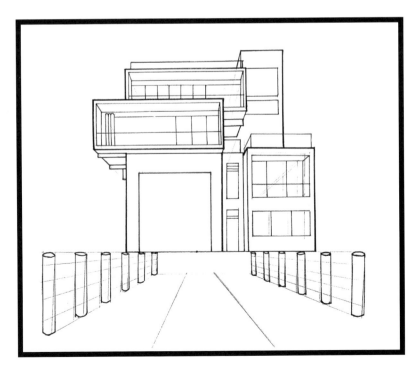

注意：在用针管笔勾线的时候，如果要使用尺子，请一定要把尺子翻过来用，这样画面才不会被墨水弄脏。

提高你的尺子使用技能 / 示范 2

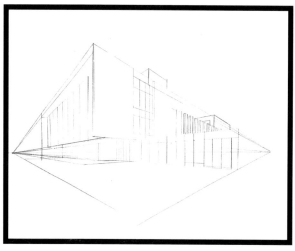

1 根据透视画法拉出结构线,上图是"两点透视",所以左右各有一组透视线。

2 根据结构线使用针管笔加上墨线。

3 最后擦掉铅笔痕迹,得到最终线稿。

提高你的尺子使用技能 / 示范 3

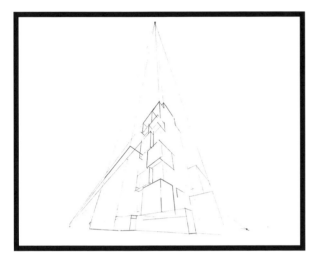

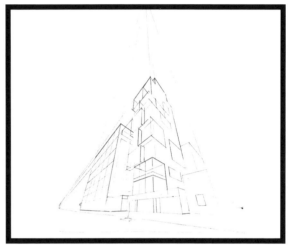

1 根据透视画法拉出结构线，上图是 "三点透视"，所以上左、右各有一组透视线。

2 根据结构线使用针管笔加上墨线。

3 最后擦掉铅笔痕迹，得到最终线稿。

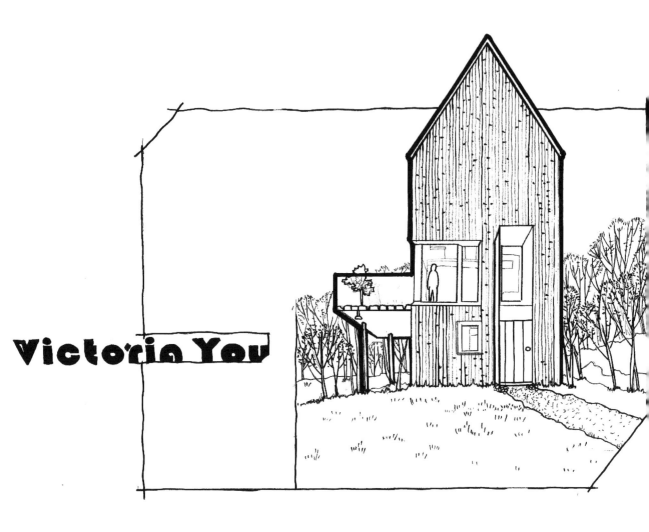

为什么线稿要分粗细线呢？
有什么作用呢？

让我来告诉你
这其中的奥秘吧！

为什么线稿要分粗细线

在建筑图中，粗线一般表示物体的轮廓和不可动结构，而细线则用来绘制纹样装饰和进行尺寸标注，所以在建筑手绘图中我们也会使用粗细线来绘制不同的物体轮廓。

但是现在粗细线的使用更多是为了让手绘图的视觉冲击力和表现力更强。

粗线：外轮廓和不可动结构。

中粗线：绘制所有物体均可使用。

细线：用于绘制花纹和进行尺寸进行标注。

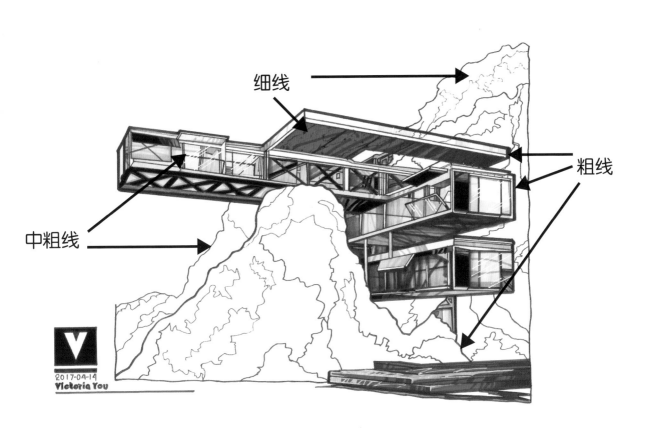

细线

粗线

中粗线

2017-04-14
Victoria You

构图到底有多重要？

　　构图的成功与否直接决定了手绘作品最终呈现效果的好坏，一幅好的构图不但能最大限度地展现作品的亮点，还能弥补手绘技术的不足。

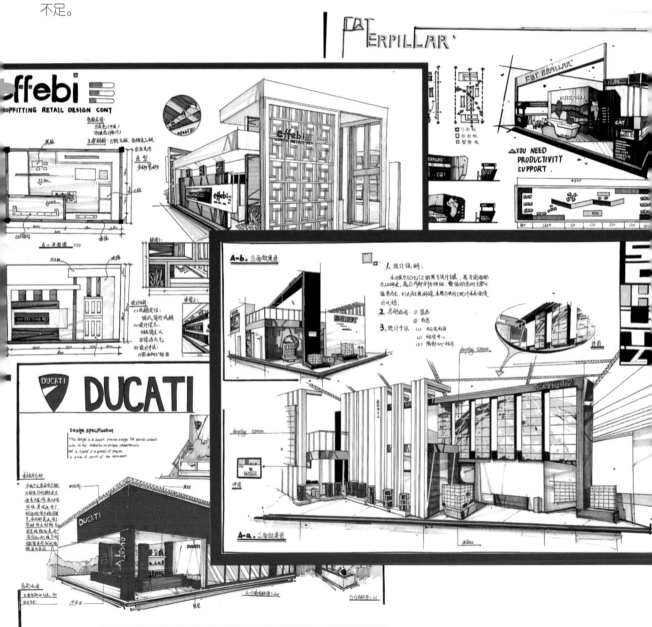

简单地说建筑手绘图的构图原则就是按量分配。

第一种是整体效果图。全图用以表现建筑的最终外观，这种图等于是建筑的"肖像照"，其构图简单，视觉效果强烈。

构图原则如下。

（1）主体外观或者主视角所占的比例最大。

（2）再者就是内部构造，设计细节和其他视角。

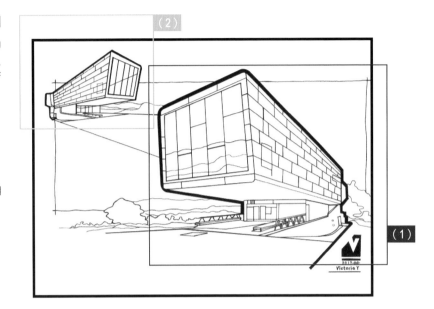

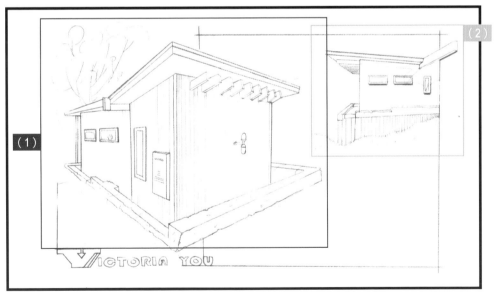

这类构图稳重，信息量大，适合快题考试和设计草图。

第二种是设计图，
主要用以表述设计思维。

构图原则如下。

（1）主体外观或者主视角所占的比例最大。

（2）再者就是内部构造，设计细节和其他视角。

（3）最后是对设计细节或者装饰细节等的展示和放大。

而画面大多以黄金比例进行分割。

需要视觉冲击力强烈的效果可使用45°角旋转和夸张的大小对比。

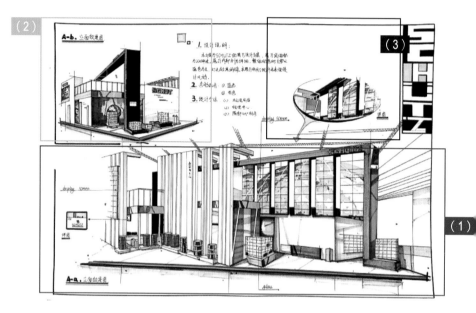

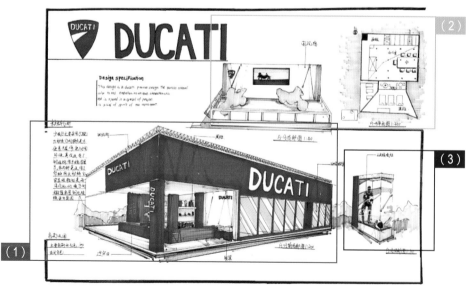

很多人在开始画图之前都为从何处下笔而苦恼，其实这个问题很好解决，只需从以下部分入手。

（1）从最想表现的部分入手。

（2）从最想画的地方入手。

（3）从最有自信画好的部分入手。

只需选择以上三个要点的任意一个入手即可。

或者会有人不知道怎么入手是因为不清楚他的手绘图应按何种流程进行，那么这个问题就更好解决了！流程如下。

（1）理清透视关系和构图比例。

（2）绘制线稿。

（3）上大色调（从浅色开始，最后上暗部）。

（4）进行细部刻画。

（5）调整画面主次，突出主体部分。

下面以木质手柄餐具效果图的作画过程为例进行讲解。

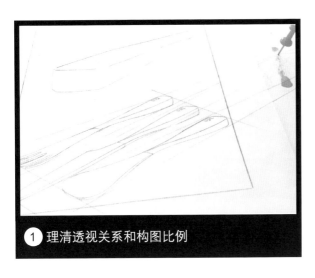

1 理清透视关系和构图比例

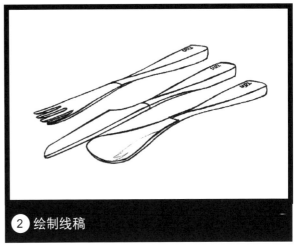

2 绘制线稿

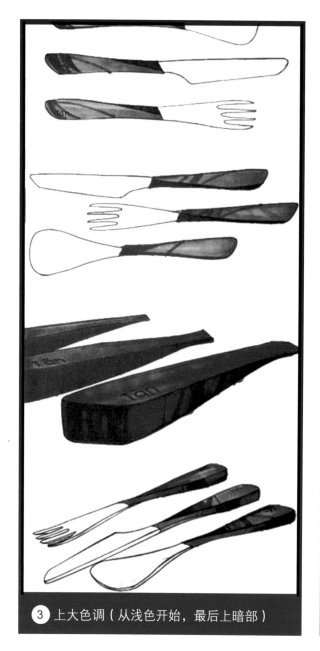

③ 上大色调（从浅色开始，最后上暗部）

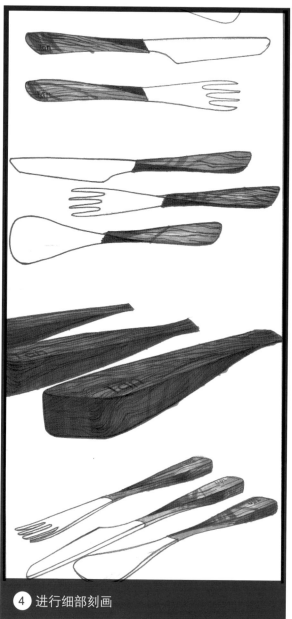

④ 进行细部刻画

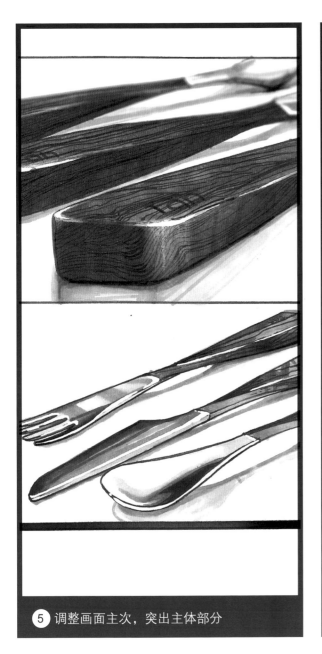

⑤ 调整画面主次，突出主体部分

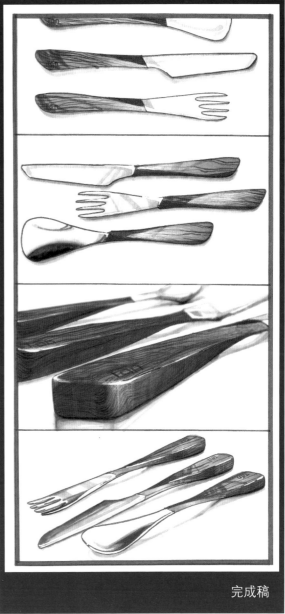

完成稿

在学习上色以前，让我们先来了解一下马克笔色号。

    为了方便使用者选择颜色，几乎所有的马克笔品牌的色号都标注在笔盖的顶端。因为每个品牌都有自己的配色体系，所以不同的马克笔标注的色号数字和首字母都有所不同。但是目前国内使用较多的三个品牌中，TOUCH 和 STA 的色号是基本相同的，法卡勒（以下简称 FC）则有完全不同于其他品牌的色号标注。目前还有较多马克笔品牌，比如下图所示的马可、德国的 iMark 及日本的 Copic 等，在色号上除了标注数字以外还会加上首字母，并以此来分成不同的色系。

图中是本书里所出现的部分品牌的马克笔色号，它们都标注在两个笔盖的顶端。

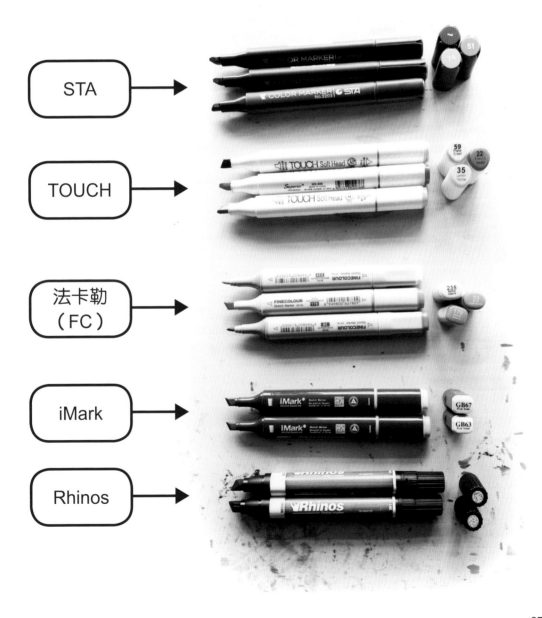

STA 和 TOUCH 的色号都是以数字为主的。

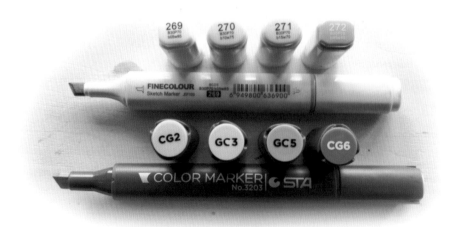

以上是 FC 和 STA 的色号对比图，可以看到 FC 的 269-272 的
色号颜色刚好跟 STA 的 CG 系列的色号对应。

好的线稿就算平涂
也能显得很专业！

扫码看视频

1
Wine
Red

示范 1

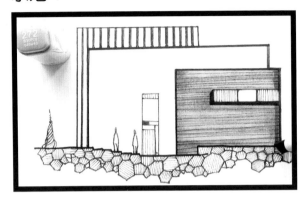

❶ 使用中灰色平涂（CG4、FC272 等）。

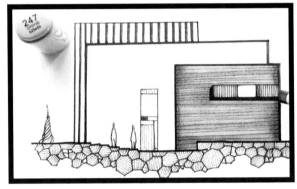

❷ 再用木色平涂装饰
（FC247、STA/TOUCH101、MC325）。

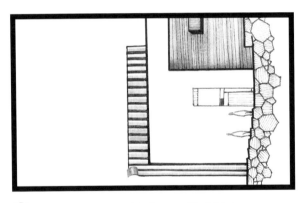

❸ 为了画得顺手，请根据需要转动纸张。

❹ 室内灯光用中黄色平涂
（STA/TOUCH33、MC107、FC225）。

❺ 用红棕色勾边表现光感
（STA/TOUCH21、MC416、FC168）。

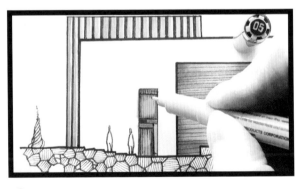

❻ 最后用棕色针管笔表现质感。

示范 2

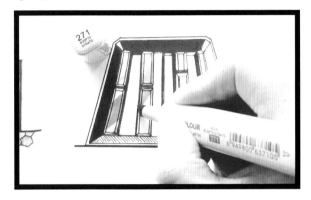

① 用浅灰色平涂，留出高光（CG3、FC271 等）。

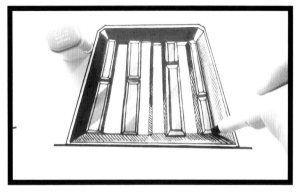

② 用中灰色平涂暗部（CG6、FC272 等）。

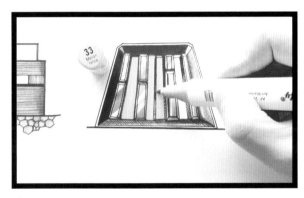

③ 平涂灯光
（STA/TOUCH33、MC107、FC225）。

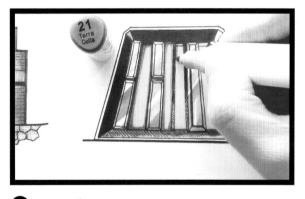

④ 加强光效
（STA/TOUCH21、MC416、FC168）。

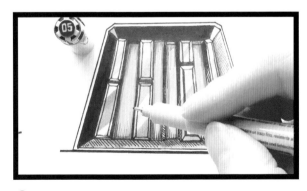

⑤ 用红棕色针管笔加强灯光质感。

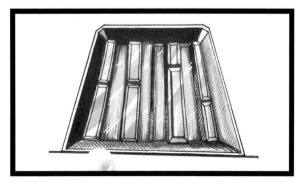

⑥ 最后用高光笔提亮。

示范 3

❶ 使用砖色平涂
（STA/TOUCH1、FC175、MC025 号等）。

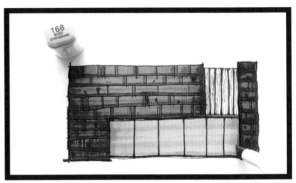

❷ 用木色平涂装饰
（STA/TOUCH101、FC168、MC611 号等）。

❸ 用深木色平涂装饰
（STA/TOUCH103、FC175、MC823 号等）。

❹ 用棕色针管笔绘制木纹质感。

❺ 用暖灰色塑造阴影（WG5、FC264 号等）。

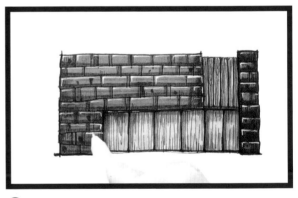

❻ 最后用高光笔提亮。

示范 4

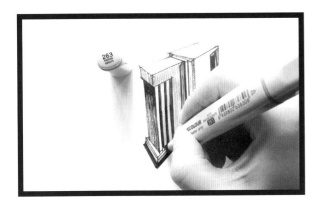

1 使用暖灰色平涂（WG3、FC263 号等）。

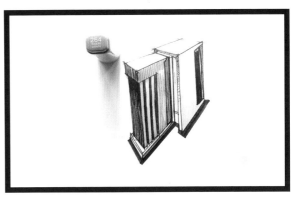

2 用中灰色平涂装饰（WG5、FC264 号等）。

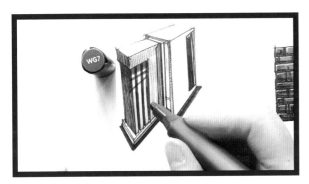

3 用深灰色叠加暗部（WG7、FC191 号等）。

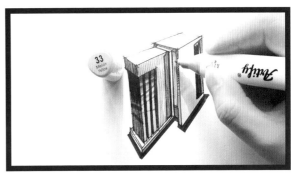

4 绘制灯光
（STA/TOUCH33、FC225、MC107 号等）。

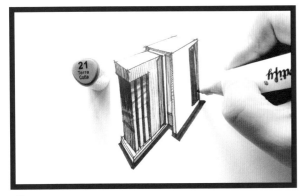

5 添加灯光光效
（STA/TOUCH21、FC168、MC416 号等）。

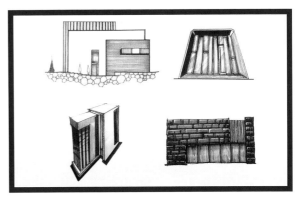

6 4 个案例示范完成。

无聊的时候抓支签字笔来练手吧!

签字笔也能带你飞哦~

扫码看视频

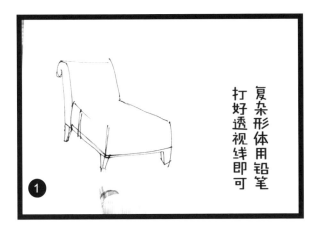

复杂形体用铅笔
打好透视线即可

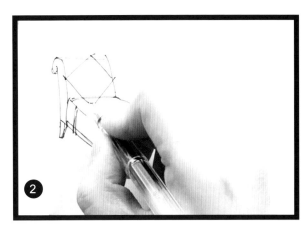

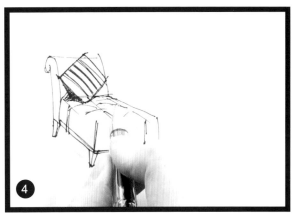

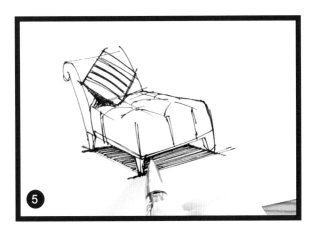

提高篇：搞定"上色"

让零基础读者也能轻松掌握的马克笔基础笔法。

从此你不再
为了上色而烦恼！

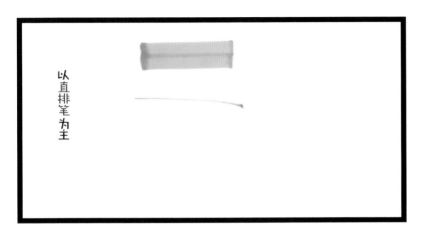

马克笔的基础笔法 1：直排笔

　　直排笔，讲究下笔稳健，不要犹豫。如左图所示，每一笔都要自信地画出来，这也是最常用的笔法。

　　马克笔的宽笔头能通过旋转而画出粗细不同的线条，左图的细斜线就是将笔头翻转后画出来的。

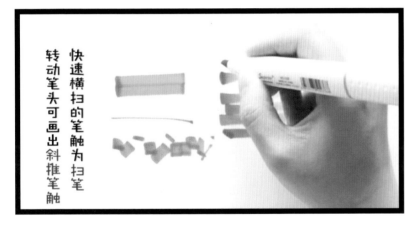

马克笔的基础笔法 2：扫笔

　　扫笔，讲究下笔快速，起笔有力，收笔时则向上抬笔，由此制造出磨砂质感和渐变效果。

　　不同材质的马克笔笔头能制造出不同的扫笔笔触和质感。

　　左图的粗糙木料的质感就是使用扫笔技法来完成的。

　　左图使用的是 TOUCH94 号、120 号酒精性马克笔，宽笔头。

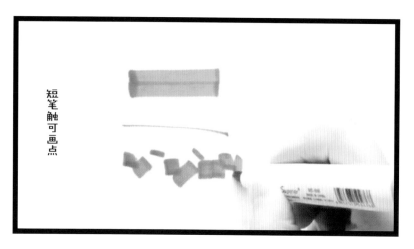

短笔触可画点

马克笔的基础笔法 3：点笔

点笔，即使用短笔触来制造"点"的感觉。下笔同样要稳健肯定，起笔收笔都要用力均匀。

马克笔的宽笔头也能通过旋转而得到大小不同、形态各异的点，如左图所示。

快速横扫的笔触为扫笔

转动笔头可画出斜推笔触

马克笔的基础笔法 4：

斜推笔触

斜推笔触，是将笔头向左或右旋转 30°～45°，然后稳健有力地推过去。

斜推笔法适合在画异形和角度大的物体时使用。

转动笔头的姿势如左图所示。

通过转动笔头来改变笔触的宽窄

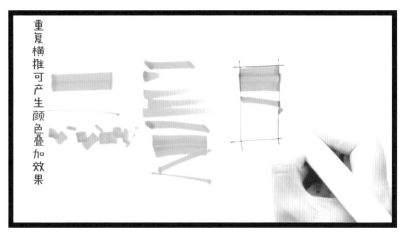

马克笔的基础笔法 5：

笔触叠加效果

　　在画好的色块上进行同色或不同色的笔触的叠加，可得到"颜色加深"和"层次加深"的效果。

　　马克笔颜料是透明颜色，所以可以反复进行叠加；按照正确的颜色叠加方式进行操作，不但不会造成画面脏乱的问题，还会得到很好的层次感和空间效果。

　　如左图案例所示。

　　通过颜色叠加而得到的层次感和空间感。

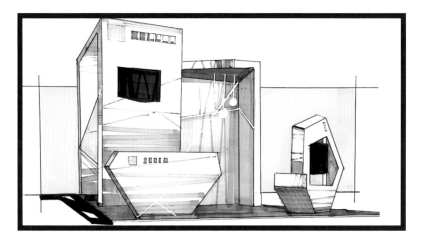

马克笔的错误笔法 1

　　使用马克笔时切记不要下笔犹豫！几乎所有的问题都出在下笔犹豫和用力不均上，如左图所示。

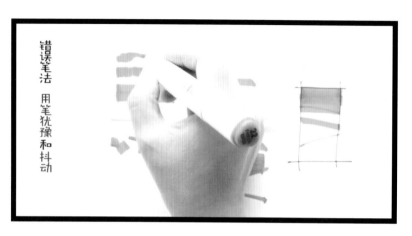

马克笔的错误笔法 2

抖动也是要极力避免的笔法问题。下笔时要尽量稳健。抖动大多是因为对自己要画的东西不熟悉或没有自信造成的，一定要先想清楚作画的内容，然后再从容下笔。

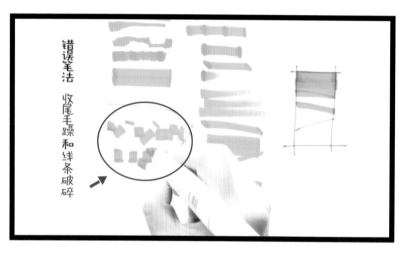

马克笔的错误笔法 3

毛毛躁躁的收尾会让你的画面效果大打折扣。

如左图所示，毛躁的收尾让笔触看起来破碎浮躁。

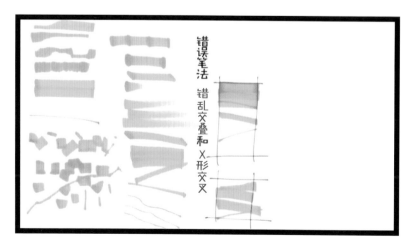

马克笔的错误笔法 4

在进行颜色叠加时毫无章法，大量使用 X 形的交叠笔触。

这样的颜色叠加不但不能为你的画面增强层次和视觉效果，反倒让你的画面变得凌乱不堪！

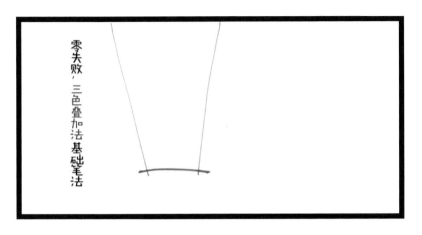

马克笔的"三色叠加法"

下面我们先进行三色叠加法的基础练习。

第1步

先画出一个梯形的外轮廓。

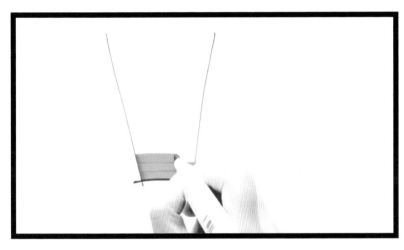

第2步

在梯形内先平涂几笔底色，然后使用 TOUCH33 号色加上如左图所示的 Z 字形笔触。

尽量不要出现尖角连接。连接处要有空隙，这样会更透气些，也不会显得死板。

第3步

以相同的"平涂+Z 字形笔触"的方法，使用 TOUCH94 号色叠加出层次感。

注意：在绘制的时候要与第一层错开一些，留出层次空间。

在只进行了一次颜色叠加后，就已经出现了层次感，而且因为马克笔的透明颜料的特性，叠加的颜色也与底色融合得很好。

第 4 步

以"平涂 +Z 字形笔触"的笔法，使用 TOUCH 或 STA CG6 号色涂出最深的暗部颜色。

注意: 上色时面积不可过大，控制在 20% 左右最合适。

动作要领:

切记在画每一笔的时候，都要保证笔触干净利落，不可犹豫和抖动。

上色时可能遇到的问题 1：
涂不满和留有缝隙

　　对于新手来说，平涂时遇到的最大问题就是涂不满和留有缝隙。

　　如左图所示，缝隙较大。

　　如果出现了类似情况，可对缝隙处进行一次均匀覆盖。

　　但是尽量一次完成，不要进行重复的二次叠加。

　　二次叠加后的效果

　　虽然盖住了缝隙，但是因为重复叠加了一层颜色，所以出现了过多的笔触重叠的痕迹。

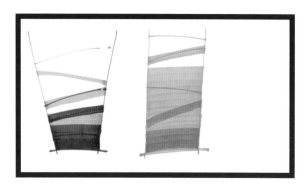

固有色的深色部分叠加

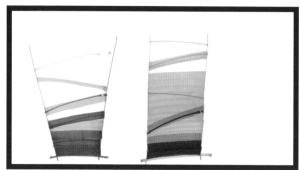

最深的暗部叠加

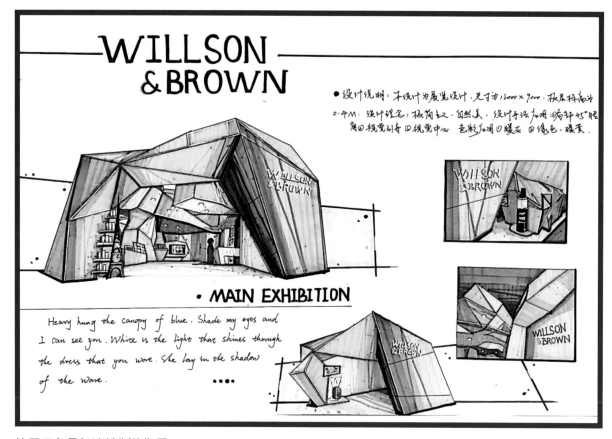

使用三色叠加法绘制的作品

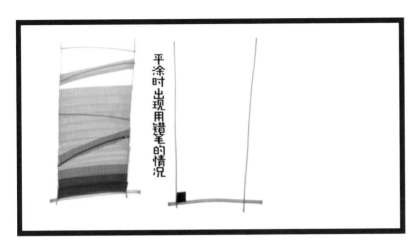

上色时可能遇到的问题 2：
涂错颜色

对于新手来说，平涂时还会遇到的问题就是涂错颜色。

如左图所示，错涂了一笔深色。

这个时候不要慌张，只需淡定地画完前面的几步。

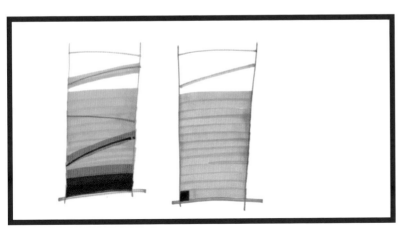

涂完后的效果。

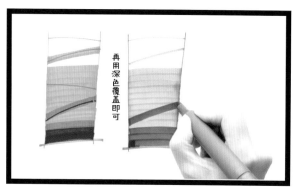

淡定地完成整个过程。

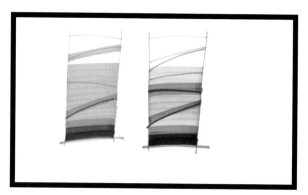

最后再用深色覆盖上去就可以了。

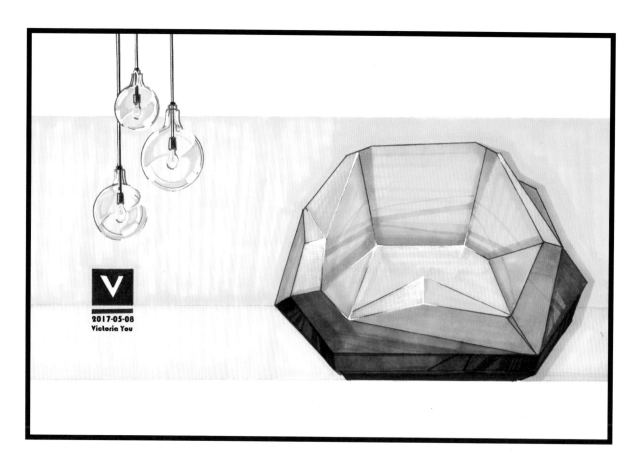

使用三色叠加法绘制的作品

此线稿请复印后做上色练习

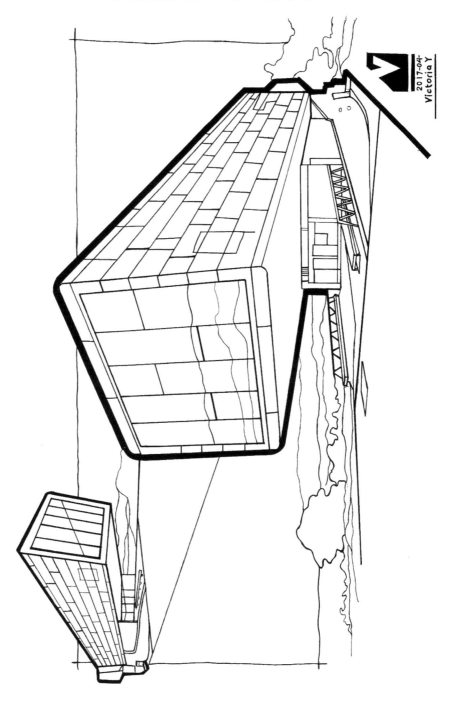

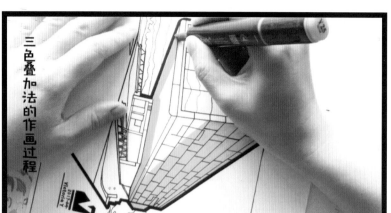

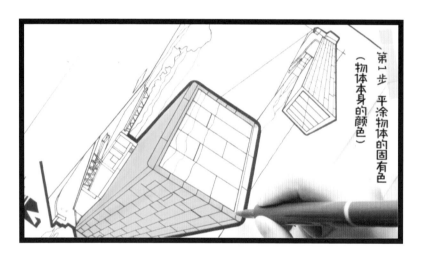

三色叠加上色法

就是用三种颜色进行逐层叠加的画法。三色是指物体的固有色、暗部色和光影色。固有色：是指物体本身的颜色。暗部色：是指塑造物体立体感的暗部的颜色。暗部色所使用的色号与固有色是同色系。在某些情况下仅需叠加这一层，便能制造出层次感和立体感。光影色：是指物体在光影作用下产生的最深的颜色，大多使用 WG/CG/GG 等灰色系的深色色号。

第 1 步：平涂物体固有色。

使用亮黄色。
（TOUCH/STA37、iMARK Y25、MC Y107 均可）

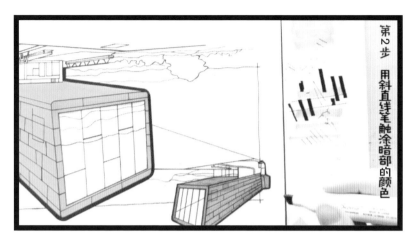

第2步：绘制暗部颜色。

使用"平涂+Z字形笔触"的画法，笔头可有一定的倾斜。

（TOUCH/STA103、FC168、MC Y529 均可）

顺着结构进行颜色叠加。

在结构需要肯定的部分，使用尺子来进行辅助表现。

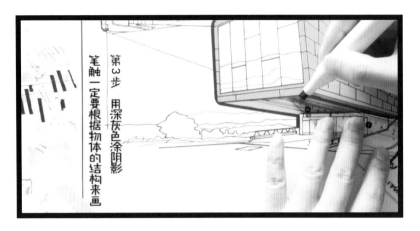

第3步：绘制光影颜色。

使用"平涂+Z字形笔触"的画法，笔头需根据建筑结构进行倾斜。

（TOUCH/STA/MCCG6、FC272均可）

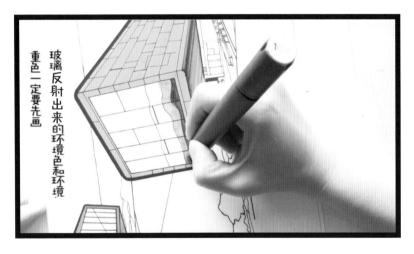

接着画玻璃幕墙的效果。

要最先绘制玻璃反射出来的环境色和环境重色。

然后绘制玻璃最深处的颜色。

然后平涂一种暖调子深灰色（WG5）冷调子用WG5画

在玻璃的剩余部分平涂一种暖灰色，注意留下一些笔触来体现质感。

（各种品牌的WG5/CG5均可）

平涂装饰的固有色

用平涂的方法将装饰部分的颜色绘制出来。注意挑选几个块面多次叠加颜色，这样可以得到更加逼真的效果。

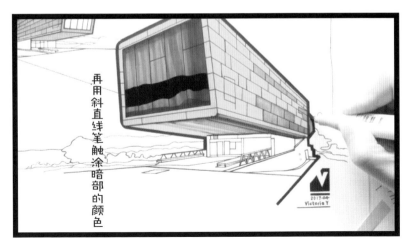

再用斜直线笔触涂暗部的颜色

最后在主体物上用深色叠加暗部的光影效果。

（各种品牌的WG7/CG6/CG8均可）

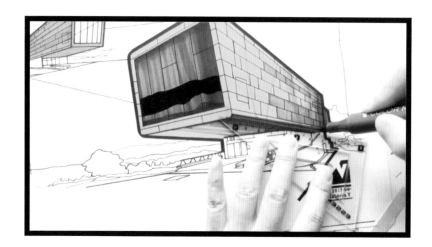

可借助规尺进行绘制。

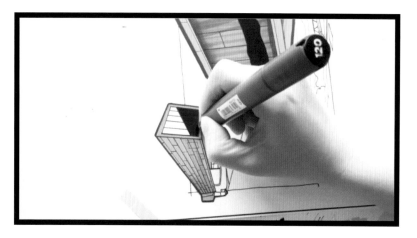

绘图时可根据需要旋转画纸，以是否顺手为准。

根据轮廓结构以环绕状上色。

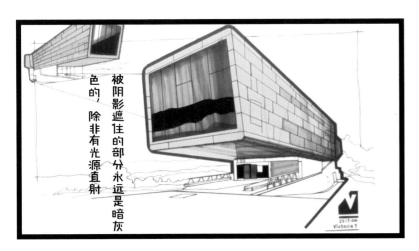

在绘制主体结构下方的物体时要注意光线的问题，被阴影遮住的部分永远都是暗灰色的，除非有自发光源或者外光源直射。

上完固有色后，整体叠加一种深灰色，以此来表达被遮挡的光感效果。

推荐使用：CG6/WG5

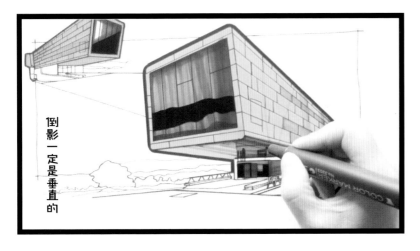

加上反光和倒影。

倒影一定是垂直的。

推荐使用：WG7

在玻璃的剩余部分平涂一种暖灰色，注意留下一些笔触来体现质感。

（各种品牌的 WG5/CG5 均可）

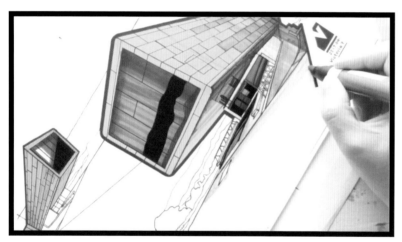

用平涂的方法将装饰部分的颜色绘制出来。注意挑选几个块面多次叠加颜色，这样可以得到更加逼真的效果。

（水泥质感推荐使用RHINOS33）

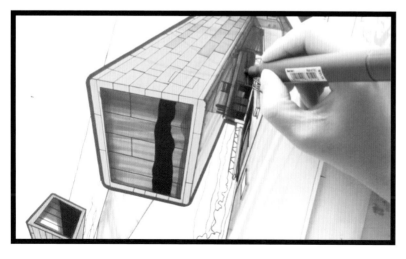

最后在主体物上用深色叠加上暗部的光影效果。

（各种品牌的 WG7/CG6/CG8 均可）

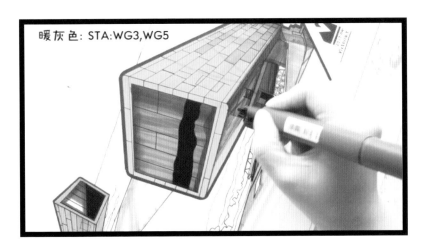

加上暗部的重色。
（各种品牌的 WG3/WG5 均可）

用斜推笔触制造出环境色的反
光效果，以增加层次感和立体感。
（TOUCH/STA 等 31 号）

用高光笔绘制出玻璃幕墙接
缝处的高反光效果。

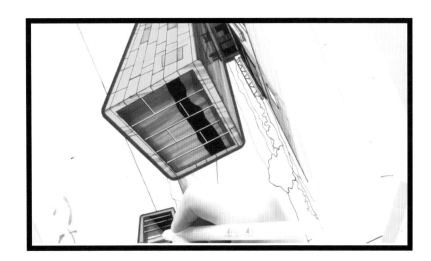

高光笔的效果。

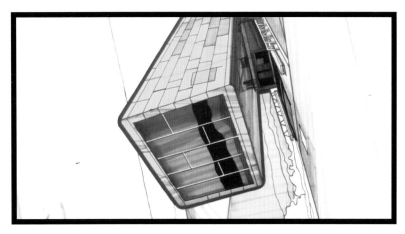

用明度较低的颜色绘制背景。
（iMARK GB62/STA BG3/
TOUCH143/MC401）

垂直涂上背景色 IMARKGB62

注意：背景中的植物和远景
一定不要覆盖背景色。

使用"斜推 +Z 字形笔触"的画法绘制植物的剪影色。
（TOUCH 48/STA43/FC30/MC523）

简笔植物 TOUCH48(非常好用的室外植物色)

最后再整理一下细节。

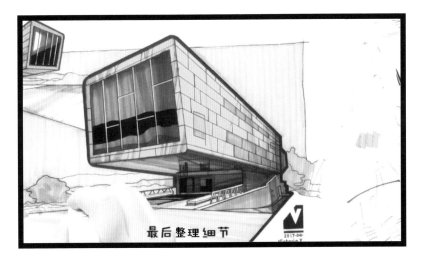

最后整理细节

耐心地做完这个练习

就可以举一反三了哦!

最百搭的建筑手绘色——万能的灰色

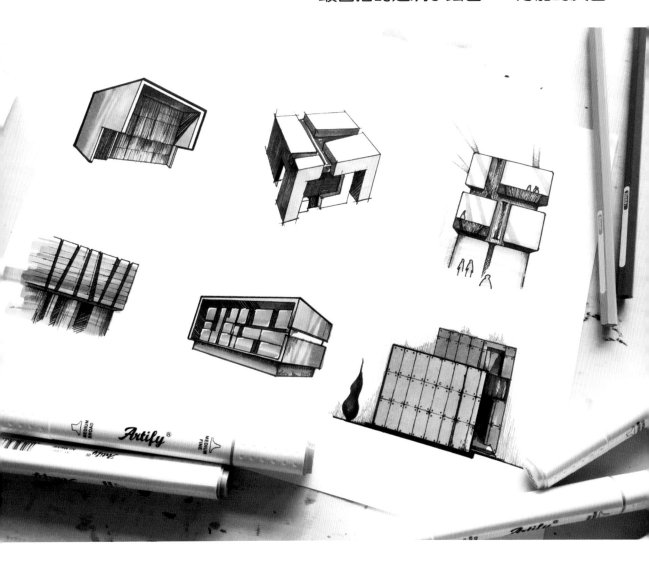

来感受一下
灰色的"洪荒之力"吧！

此线稿请复印后做上色练习

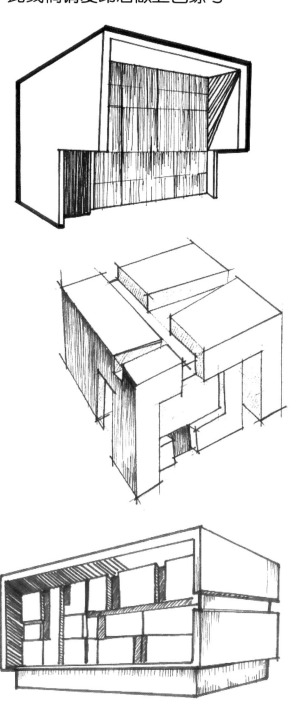

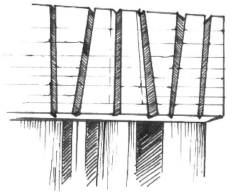

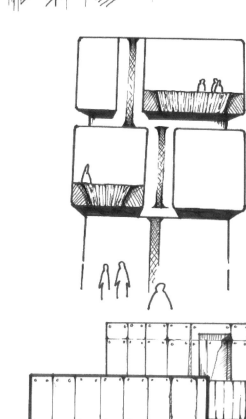

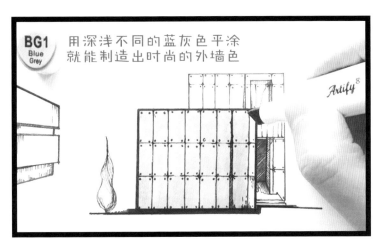

BG1 Blue Grey

用深浅不同的蓝灰色平涂就能制造出时尚的外墙色

Artify

万能的灰色上色法

大面积地平涂灰色来完成上色任务。

灰色是百搭的中性颜色，无论是蓝灰、暖灰还是冷灰，都能营造出高雅和时尚的感觉。

当代建筑中有很多设计都采用了水泥质感，而这种风格的建筑手绘图就最适合用灰色来进行大色调的绘制。

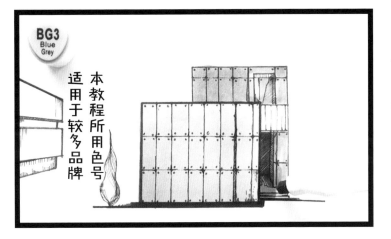

BG3 Blue Grey

本教程所用色号 适用于较多品牌

跟着视频画起来吧！

这套案例使用的色号适合较多的马克笔品牌。

先用 BG3 号色和 CG2 号色，运用横推笔触平涂。

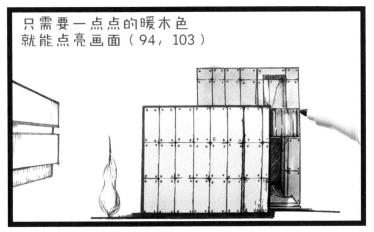

只需要一点点的暖木色就能点亮画面（94，103）

使用暖木色来给画面增加亮点。（固有色 STA/TOUCH94、MC325 号，暗部色 STA/TOUCH103、MC826 号）

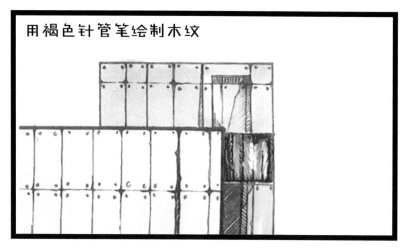

彩色针管笔出场

在很多画面中都可以使用彩色针管笔来让细节更丰富，也能让真实感更强烈。

叠加暗部和阴影色

使用 CG4 号色，运用横推笔触平涂。

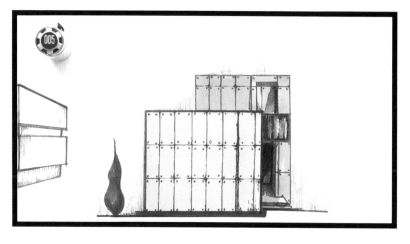

最后使用 TOUCH/STA46、MC326 号色顺着结构给装饰的植物上色，在暗部叠加 TOUCH/STA43、MC945 号色。

可使用褐色针管笔绘制线描背景效果。

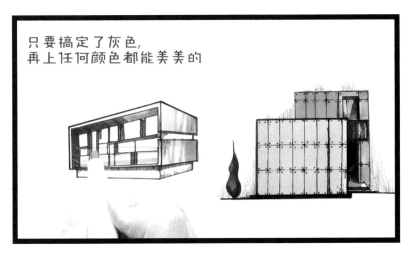

用三色叠加法绘制主体色

　　用 WG1 和 WG3 绘制外墙的颜色，再用 TOUCH/STA35、MC107 号色绘制彩色灯箱。

　　叠加 TOUCH/STA59、MC35 号色。

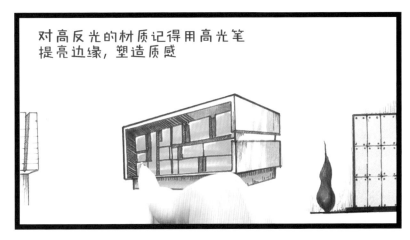

　　最后使用高光笔提亮边角，以塑造出立体感。

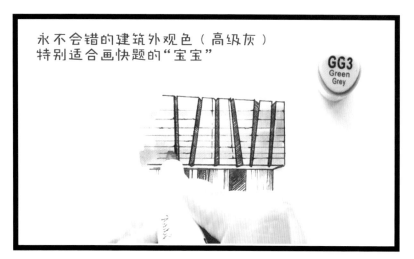

高级灰的三色叠加过程

　　GG3 的颜色柔和低调，很适合用来绘制建筑外墙和冷色的水泥质感。

　　先用 GG3 号色以三色叠加法绘制固有色。

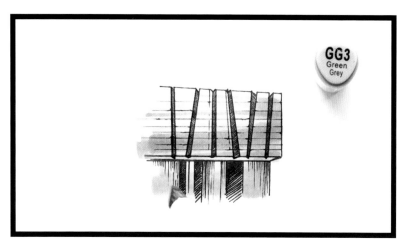

　　再用同一支 GG3 号色进行暗部色的重复叠加。

　　马克笔的特点：二次叠加会自动加深颜色。

　　最后用 BG3 号色绘制阴影。

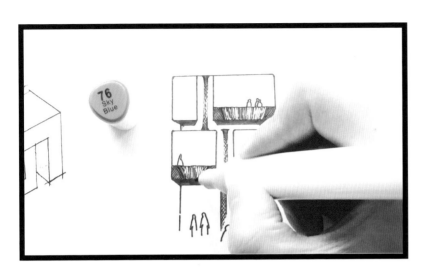

使用 TOUCH/STA76、MC114
号色先来绘制装饰用的彩色部分。

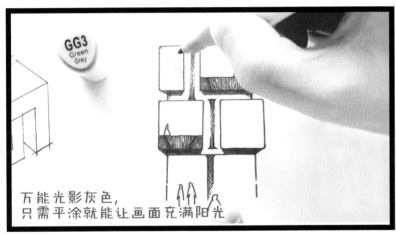

用 GG3 绘制透明的阴影。
GG3 是一支万能灰色马克笔，
在任何地方都会有惊艳的表现。

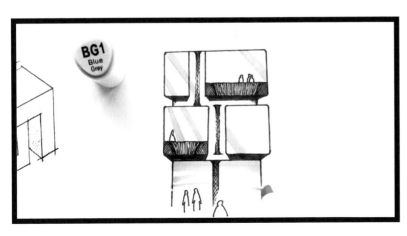

用 BG1 号色来绘制白色主体
物的暗部色。

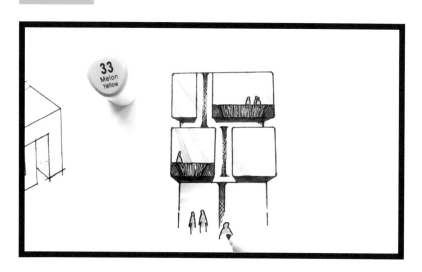

使用 TOUCH/STA33、MC204 号色绘制剪影人物很不错。

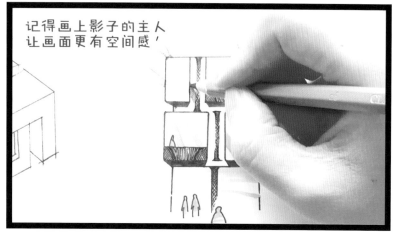

铅笔的"友情客串"

在需要细节和有较强质感表现的时候，可以使用铅笔，但是切记不可使用得太多。

彩铅和普通铅笔都可以。

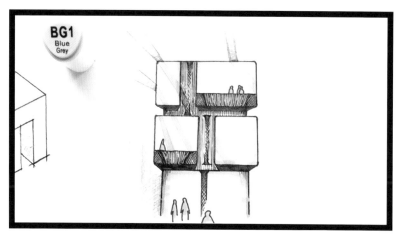

最后再用 BG1 号色做一下整体的调整。

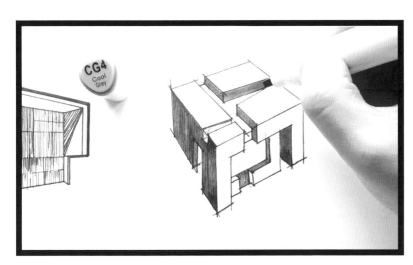

CG4 有厚重的感觉，适合用来绘制粗犷的建筑物外表。

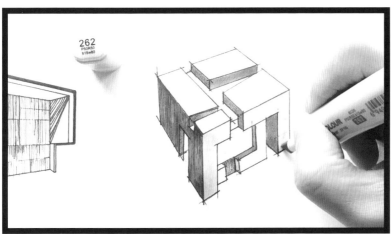

使用 MC262 号色来绘制固有色。

顶面的受光部分留白，能让建筑物的立体感更强。

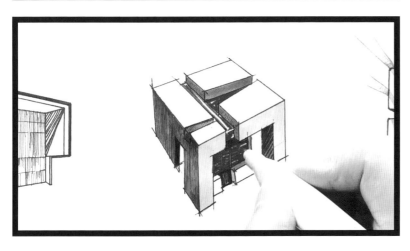

最后用大红色来装饰画面。

此线稿请复印后做上色练习

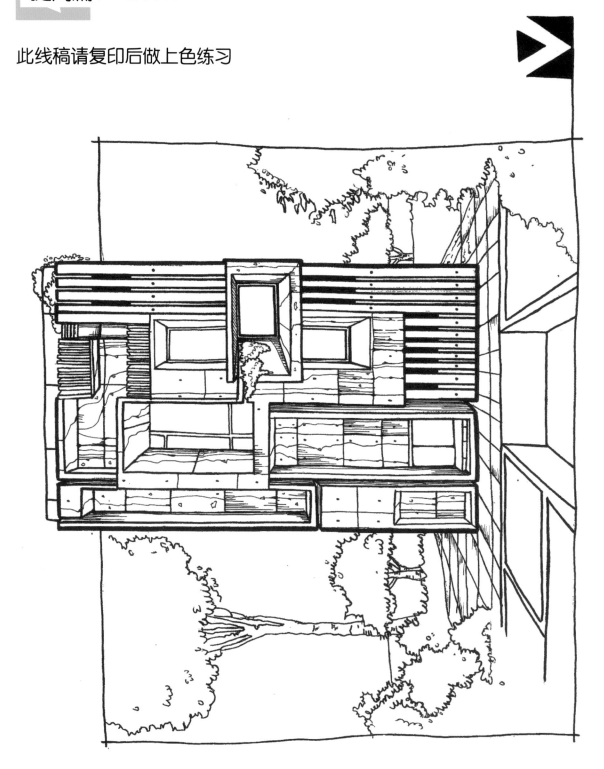

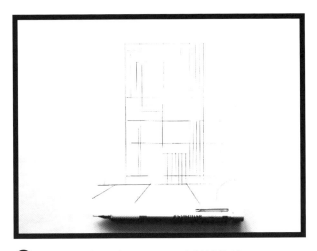

1 用铅笔根据一点透视原理绘制结构线。

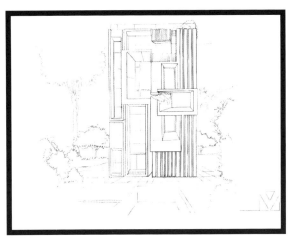

2 根据结构线绘制铅笔底稿。

完成稿

使用 08/02/005 号针管笔，运用快慢直线结合的方式绘制线稿，注意加粗最外面的轮廓线。

使用粗线不仅可以使空间划分更为明显，还能起到强调主体物的效果。

细节处一定要使用最细的 005 号针管笔，通过线条的粗细变化能让画面层次更加丰富，为之后的上色工作打下坚实的基础。

扫码看视频

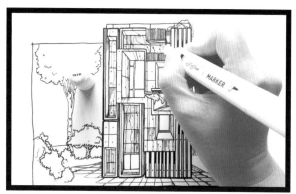

1 先绘制建筑的石板色
（MC/STA/TOUCH CG01、FC270）。

2 再绘制水泥色
（MC/STA/TOUCH CG03、FC271）。

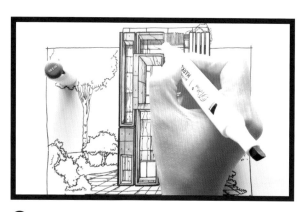

3 绘制阴影，塑造立体感
（MC/STA/TOUCH CG05、FC272）。

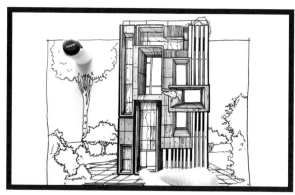

4 绘制最暗的被光面和叠加暗部阴影
（MC/STA/TOUCH CG07、FC274）。

5 绘制木结构的固有色
（MC Y416、STA/TOUCH31、FC5）。

6 用黄棕色绘制阴影
（MC Y529、STA/TOUCH103、FC168）。

⑦ 用暖灰来叠加夹缝里的暗木色
（MC/STA/TOUCH WG05、FC263）。

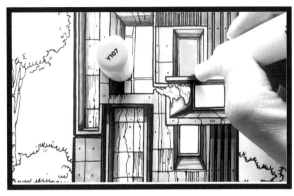

⑧ 用亮黄色绘制灯光色
（MC Y107、STA/TOUCH34、FC226）。

⑨ 叠加光晕效果
（MC Y416、STA/TOUCH31、FC168）。

⑩ 将绘制灯光的颜色晕染在周围。

⑪ 用 0.05 号针管笔绘制木纹。

⑫ 用深灰色给暗色玻璃上完底后，再使用半透明
油漆笔叠加出磨砂质感
（MC/STA/TOUCH CG07、FC274）。

13 先用翠绿色绘制植物的底色
（MC G318、STA/TOUCH55、FC30）。

14 再用亮深绿色叠加暗部，塑造立体感。

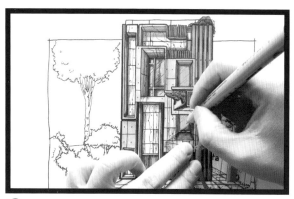

15 用针管笔描绘玻璃的反光效果。

16 在针管笔的基础上加一层高光笔。

17 使用斜推笔触绘制地面的石材底
（MC/STA/TOUCH WG03、FC263）。

18 用深暖灰色叠加外环境的投影
（MC/STA/TOUCH WG05、FC264）。

19 使用斜推笔法绘制植物平台
（MC B945、STA/TOUCH51、FC112）。

20 使用平涂笔法绘制树木的底色
（MC G825、STA/TOUCH46、FC30）。

21 绘制阴影下的草坪
（MC G945、STA/TOUCH43、FC53）。

22 用点笔触给树木叠加上暗部和枝叶光
（MC G965、STA/TOUCH43、FC53）。

23 用点笔触给灌木叠加上暗部和枝叶光影
（MC G825、STA/TOUCH46、FC30）。

24 用高光笔添加结构细节。

㉕ 在木结构上叠加白色色粉笔，让它产生柔和的高光。

㉖ 为了突出主体物，用单线绘制背景。

完成稿

翻过这页
开启进阶模式

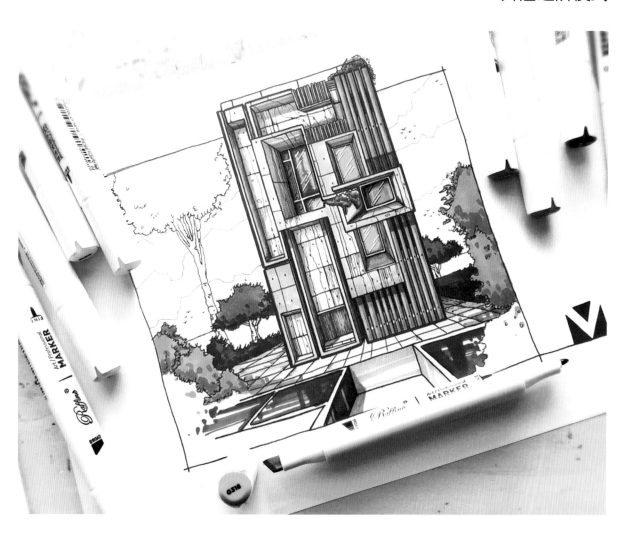

当你完成这次练习后
就已经基本掌握马克笔基础笔法了哦！

进阶篇：马克笔进阶笔法

经过前面的学习
你也能轻松地掌握

马克笔进阶笔法

　　本篇将以建筑材质和植物等手绘案例来讲解
马克笔进阶笔法的使用。

先来试试
各种建筑材质的画法

马克笔进阶笔法

进阶篇 / 建筑材质的画法

各类木质的上色法

扫码看视频

① 先涂好木质的固有色。
大多数马克笔品牌的色号推荐：
101、103、94、96

FC 色号推荐：247、168、175
MC 色号推荐：325、823、611

② 同色号多次叠加后会产生递进的颜色。

③ 完固有色后用深褐色或黑色 02 号的针管笔画出简单的木纹。

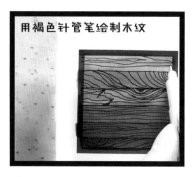

④ 最常见的 6 种木纹的画法。

⑤ 再用 WG5 在缝隙处加上一笔阴影色，立刻就能表现出立体感。

⑥ 最后使用高光笔提亮。绘制的时候注意用笔要轻松，类似用铅笔画素描的感觉。

光面石材的上色法

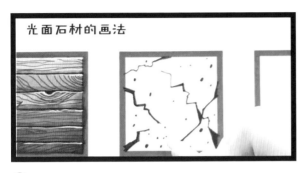

① 先用冷灰色系的浅灰色绘制石材的固有色。

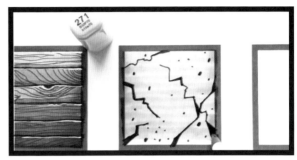

色号推荐
较多品牌：CG2、CG4、CG6
FC：271、272

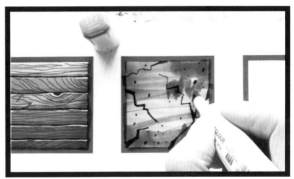

② 使用深灰色画出阴影和反光效果，使用三色叠加的笔法和揉笔笔法（详细示范见视频）。

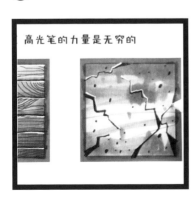

③ 用黑色针管笔点出石材的质感。

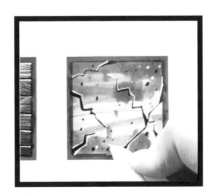

④ 用高光笔提亮。

⑤ 绘制时要拉出几根简单的细线，以概括石材的低反光特性。

墙砖材质的上色法

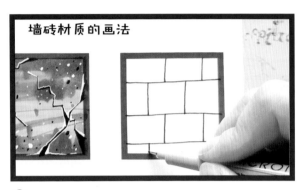

1 用红棕色系平涂出底色。

色号推荐
较多品牌：1、103，FC：175、168，MC：823、025

2 使用红砖色画出阴影和立体效果，使用三色叠加的笔法和揉笔笔法（详细示范见视频）。

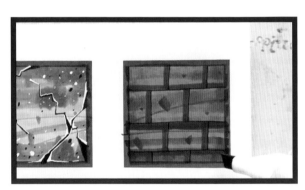

色号推荐
TOUCH/STA；94/92，MC823，FC168

3 用高光笔提亮。

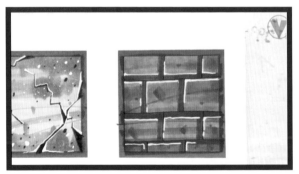

火砖材质的上色法

1 用针管笔绘制线稿。

2 用砖色绘制底色。

3 用同一支笔二次叠加颜色。

4 用 WG 5 号色绘制投影，塑造立体感。

最终效果

横纹板材的上色法

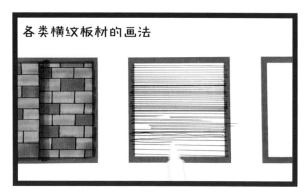

1 用针管笔绘制线稿。

2 用任意彩色绘制板材的底色。

3 用高光笔提亮。

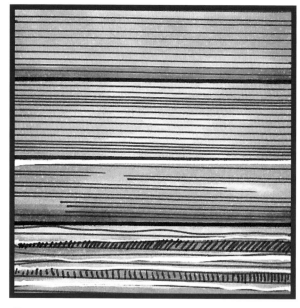

4 最后使用 WG5 号色叠加阴影。

石板材质的上色法

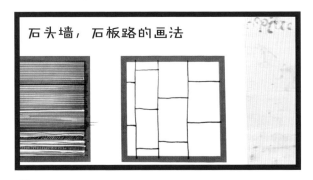

❶ 用针管笔画出基本形状。

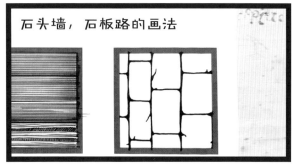

❷ 再画出细节。

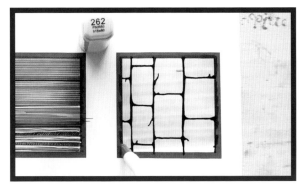

❸ 用浅暖灰色（WG3、FC262）上底色。

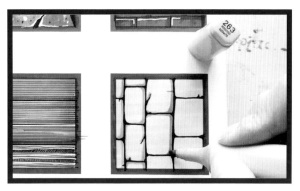

❹ 用深一度的暖灰（WG5、FC263）画阴影，塑造立体感；一定要顺着结构来画。

❺ 用针管笔增强材质的质感。

❻ 用半透明的油漆笔提亮亮部。

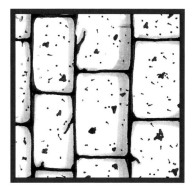

划重点：
用马克笔上色时一定要顺着结构来画。

瓷砖材质的上色法

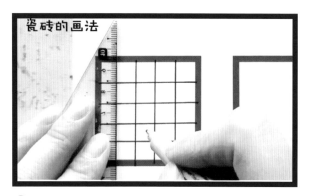

❶ 用针管笔和尺子绘制线稿。

❷ 用浅蓝色上底色。

❸ 选几个方格绘制浅绿色。

❹ 用尺子辅助画高光。

最终效果

瓦砾青砖的上色法

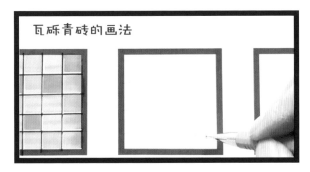

1 先用铅笔画出基本形状。

2 用针管笔勾出结构和细节。

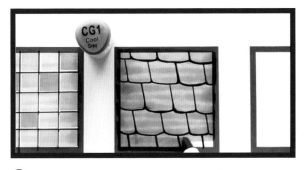

3 用浅冷灰色（CG1、FC271）上底色。

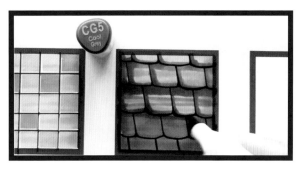

4 用深一度的冷灰色（CG5、FC272）画阴影，塑造立体感；一定要顺着结构来画。

5 用深灰色以点画法增强质感。

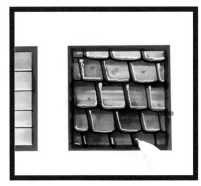

6 用高光笔提亮。

划重点：
用马克笔上色时一定要顺着结构来画，使用高光笔时更要根据结构来提亮。

石墙材质的上色法

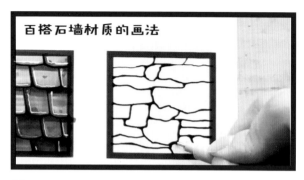

❶ 先用铅笔画出基本形状。

❷ 再用浅棕黄色（FC247，TOUCH/STA101、103，MC325）上底色。

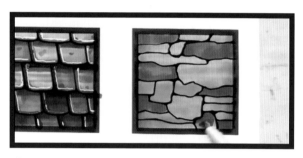

❸ 用同一支笔叠加颜色层次。

❹ 用针管笔添加质感细节。

❺ 使用高光笔增强反光和立体感。

❻ 最后使用半透明油漆笔叠加过渡。

划重点：

用白色油漆笔画完后，等几分钟就可以用纸巾擦除掉多余的粉质颜料，此时即可得到半透明的效果。

玻璃在建筑中被大量地使用

画好玻璃是你的必备技能。

对于建筑而言，玻璃是无处不在的。画好玻璃是很重要的技能，能让你的画面非常出彩！

示范 1

1 先画出建筑的外部。

2 一定要通过暗部来突出立体感。

3 用 TOUCH/STA37、MC204 号马克笔画出透出玻璃的室内暖光。

4 用 TOUCH/STA97、MC611 号色在玻璃的边缘处绘制光晕。

5 用 GG3 号色画出不透光的玻璃色。

6 最后用高光笔提亮反光,顺带提一下外环境的材质反光。

示范 2

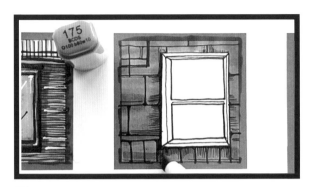

1 用 TOUCH/STA101、FC175、MC325 号色画出红砖底色。

2 用 WG7 号色画出缝隙的深色。

3 用 WG3 号色绘制玻璃的颜色。

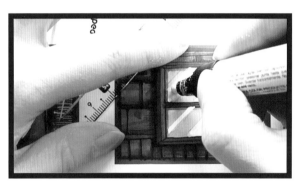

4 使用油漆笔绘制大面积的反光留白。

5 用高光笔完善环境效果。

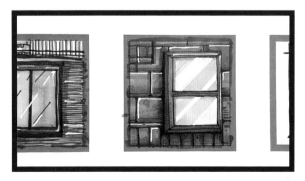

6 提亮窗框的高光。

示范 3

❶ 用 TOUCH/STA 97、MC611 号色绘制瓷砖底色，留出高光区域。

❷ 用 TOUCH/STA 94、FC175、MC823 号色绘制暗部，塑造立体感。

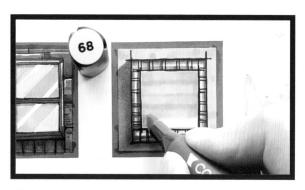

❸ 用 TOUCH/STA 68、FC236、MC003 号色平涂磨砂玻璃的底色。

❹ 用 CG6 号色在边缘处画出窗棂的阴影。

❺ 用半透明的高光笔绘制反光（也可不用）。

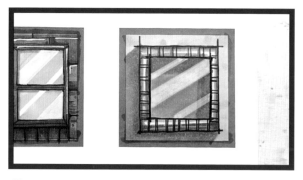

❻ 最后用针管笔勾出玻璃的轮廓。

示范 4

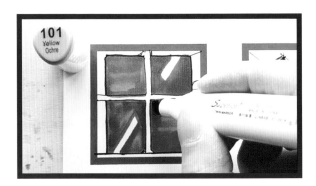

1 用 TOUCH/STA 101、FC247、MC325 号色绘制茶色玻璃。

2 再用 WG7 号色画出窗框的投影。

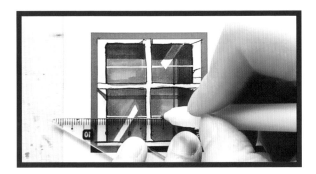

3 用高光笔勾出反光。

4 最后用针管笔整理细节。

示范 5

1 用 TOUCH/STA 68、FC236、MC003 号色绘制高明度玻璃的底色。

2 再用灰绿色绘制玻璃的环境反射。

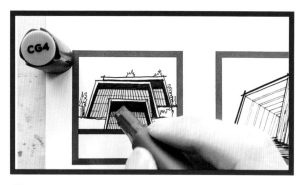

③ 用 CG4 号色绘制玻璃幕墙的底色。

④ 用 CG6 号色叠加环境反射。

示范 6

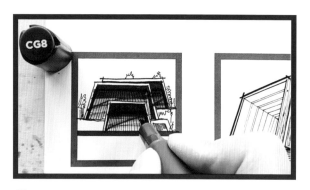

① 用 CG8 号色绘制暗部对比。

② 最后用高光笔提亮。

示范 7

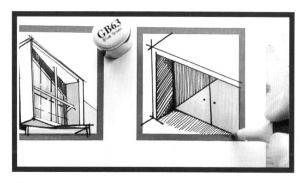

① 用灰绿色绘制玻璃门的底色。

② 用 CG2 号色简单地绘制外环境。

示范 8

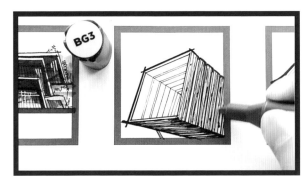

1 用 BG3 号色画出小屋的底色。

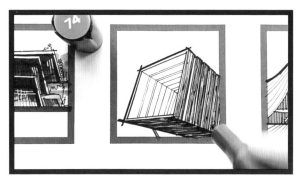

2 用蓝色叠加色彩层次。

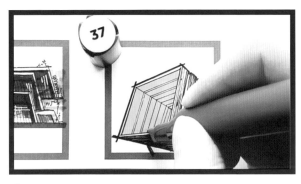

3 用淡黄色绘制内部灯光。

4 用 TOUCH/STA 97、MC611 号色制造光效。

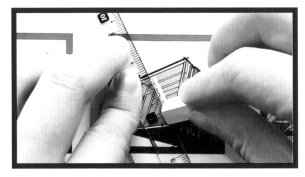

5 用色粉笔画出玻璃反光的分界线。

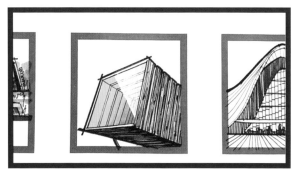

6 用纸巾擦掉边缘多余的色粉,然后慢慢晕染开。

示范 9

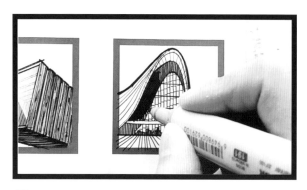

❶ 这次先画颜色最深的部分，用 CG8 号色画环境投影的暗部。

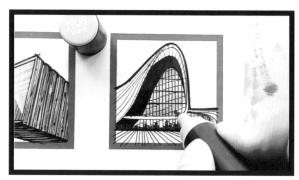

❷ 这次使用的是变色马克笔，能一次搞定玻璃幕墙的色彩过渡，效果也很惊艳哦（NU3 号）。

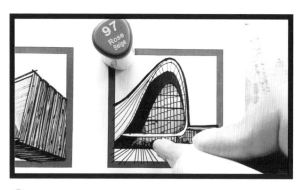

❸ 使用红棕色叠加色彩层次。

❹ 再次使用变色马克笔塑造外观材质的颜色渐变（NU1 号）。

❺ 使用变色马克笔表现外观材质的颜色渐变（NU1 号）。

❻ 用深灰色绘制夜空（CG6、FC272），最后叠加云层的颜色。

练习完材质的画法，
接着就来学习植物的各种画法和上色法吧！

植物的万能画法

示范 1

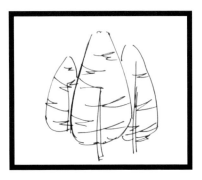 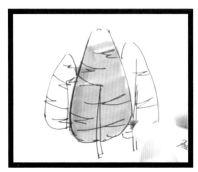 

❶ 先画线稿，可使用快慢线相结合的方法。树木的线稿多是先画一个三角形，然后再加入 V 字形的树枝。

❷ 上色时可使用三色叠加法，先上固有色。

❸ 再以斜推笔法叠加重色，塑造出立体感和树木的光影变化。

示范 2

❶ 用"几"字笔法画出线稿。

❷ 用 BG3 号色上底色。

❸ 用草绿色叠加暗部颜色。

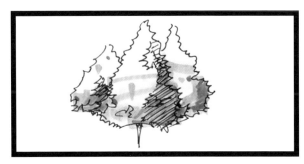

❹ 最后用深绿色叠加最重的光影色。

注意：
这类杉树的画法一定要在三角形的大轮廓中进行，要有主次。在树木较多时，对于最靠前的树木要重点刻画，靠后的尽量只画大关系或剪影效果，以此拉开空间距离。

示范 3

示范 4

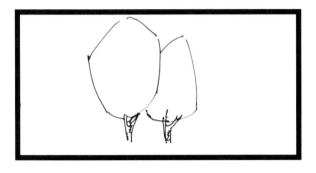
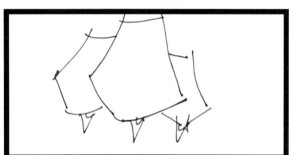

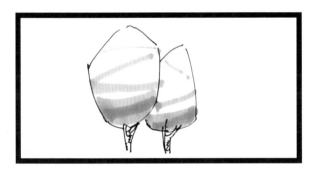
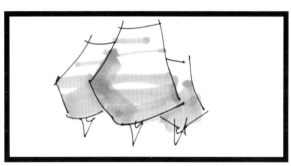

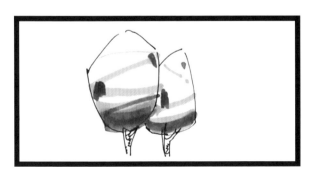
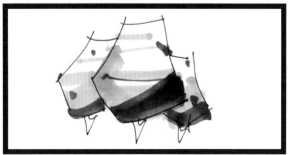

示范 5

示范 6

示范 7　　　　　　　　示范 8

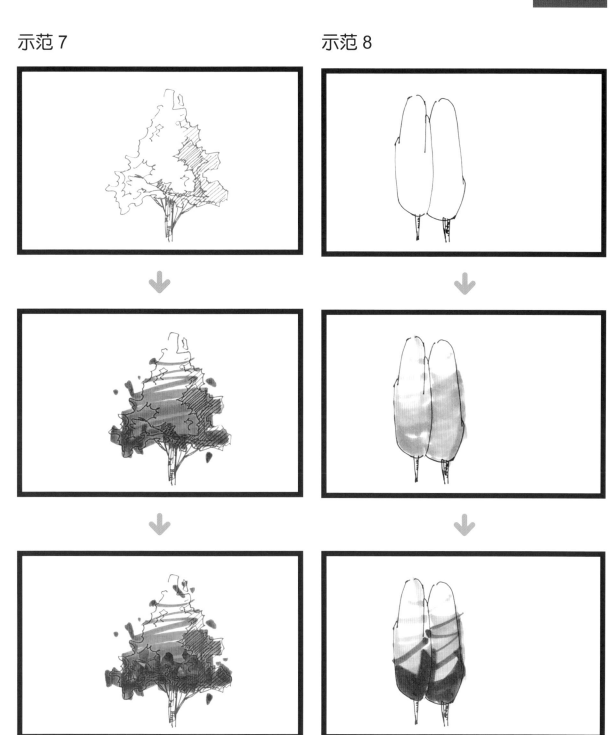

示范 9

示范 10

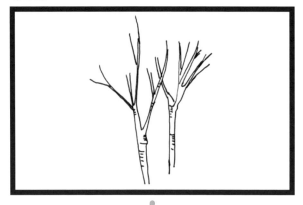

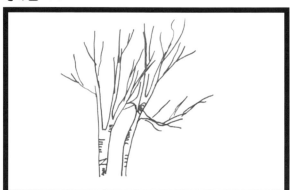

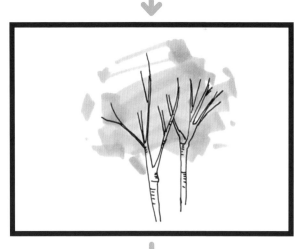

建筑手绘图中的人物大多是为了衬托建筑物的尺寸或展现动线设计等功能而出现的，因此不必在人物的绘制上花过多的时间。我建议点到为止，尽量使用剪影式的表现方式。

如下图所示的几种基本人物造型，基本上就能满足大多数建筑图的绘制需要了。

这些人物的造型简单易学，大家可以根据需要灵活使用。

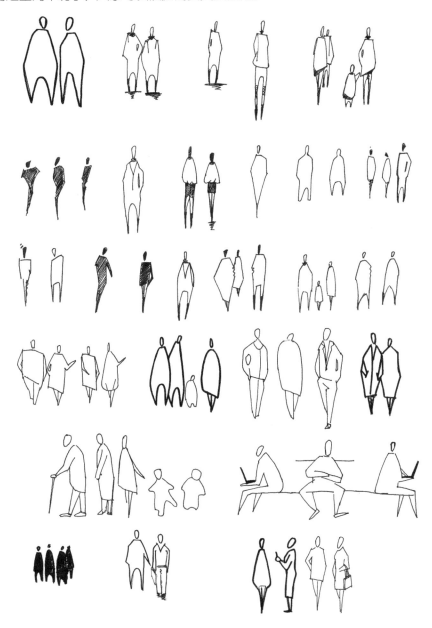

请将此线稿复印后做上色练习

扫码看视频

1 先用 TOUCH/STA101、FC247、MC325 号色顺着结构绘制木屋底色。

2 暗部可多次叠加。

3 用棕色针管笔绘制木纹细节。

4 用 TOUCH/STA103、FC168、MC823 号色画出木条的暗部和阴影。

5 用淡黄色画暖色灯光。

6 用红棕色画玻璃上的灯光投影。

7 用 CG8 号色画出玻璃环境反射的深色。

8 用红棕色绘制一层木屋底色。

9 用红棕色叠加色彩过渡。

10 用高光笔绘制线型玻璃反光。

11 上下玻璃的反光都要画出来。

12 用 WG3 号色绘制水泥质感，重复叠加几笔增强质感表现。

13 用 CG8 号色画出水泥墙的暗部。

14 高光笔提亮。

15 用高光笔把灯光反射部分预留出来。

16 用灯光色在预留部位处画上反射效果。

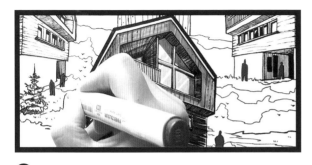

⑰ 用深红色填充人物剪影（任何你喜欢的颜色都可以）。

⑱ 绘制第二个木屋（底色可使用 TOUCH/STA101、FC247、MC325 号色）。

⑲ 用红棕色给木屋叠加色彩层次和暗部。

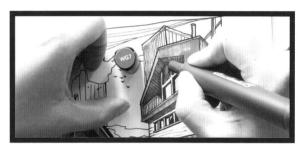

⑳ 用 WG7 号色绘制暗部阴影。

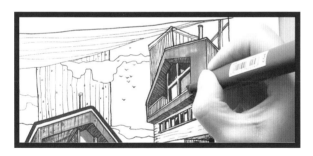

㉑ 用 CG4 号色绘制无室内光源的玻璃窗。

㉒ 用半透明油漆笔叠加反光。

㉓ 用纸巾擦出柔和的反光效果。

㉔ 用深灰色绘制无室内光源的玻璃窗（CG6/8）。

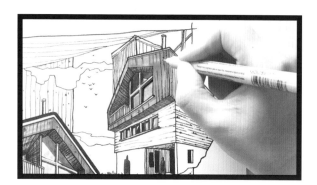

㉕ 用针管笔绘制细节。

㉖ 绘制一层木屋的固有色。

㉗ 叠加木屋色彩层次。

㉘ 以点笔触增加质感。

㉙ 高光笔提亮。

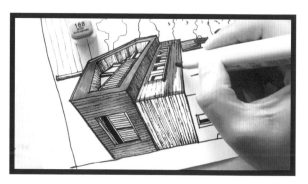

㉚ 绘制第三个木屋。

㉛ 绘制木屋暗部。

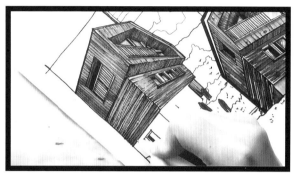

㉜ 高光笔提亮。

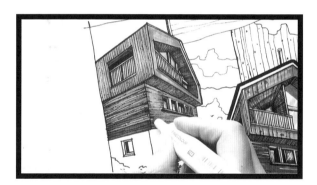

㉝ 叠加层次。

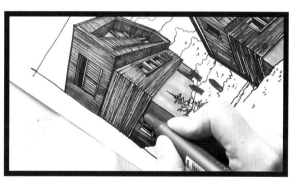

㉞ 绘制水泥质感。

㉟ 使用浅冷灰色绘制背景建筑物。

㊱ 最后使用浅蓝色绘制背景效果。

完成本篇的学习后，
你就能自信地开始马克笔开挂旅程了！

如右图所示：在绘制建筑手绘图的时候可以通过使用图钉来辅助你找到正确的透视线。

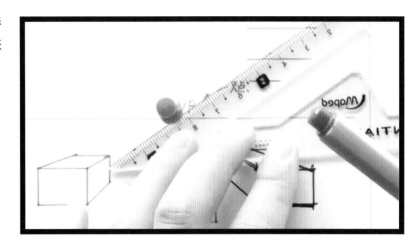

一点透视是最适合使用图钉来完成的，因为透视点往往都在画面上。

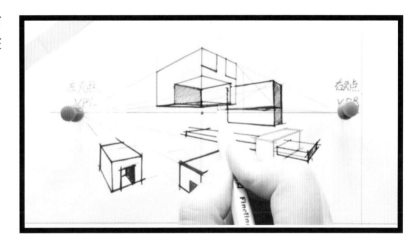

两点透视和三点透视在大多数情况下会有一个透视点在画面以外，透视较大的画面更是会出现两个透视点都在画面以外的情况，出现这种情况的时候，可使用橡皮经或较长的直尺来进行辅助绘图工作。

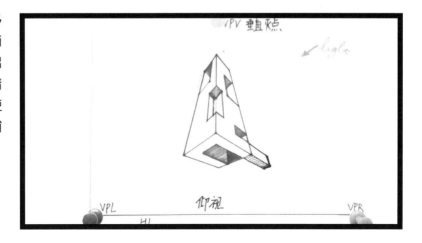

三分钟搞定建筑外环境

　　建筑手绘图的外环境有很多种表现形式，最容易上手的就是背景色平涂法和环境剪影画法。

建筑手绘图的外环境表现原本就是为了"突出主体"。

最简单的就是平涂背景色。

在主体物外用补色和降调灰色来平涂。

（1）在主体物后使用推笔进行规则的平涂。

（2）在主体物后使用点笔触绘制非规则块面。

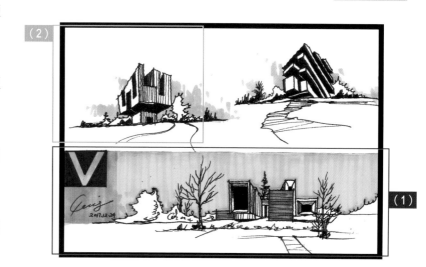

上图为环境剪影表现法。

如上图所示，将复杂的环境以单线剪影的方式进行绘制，不但突出了主体物，也让画面更加生动。

这种环境画法能让画面更加丰富！

终于完成各种练习，
可以开挂了！

让你的手绘
嗨起来吧！

扫码看视频

本篇将通过一个综合案例的示范和 T 讲解
来告诉你，如何让你的建筑手绘图开挂！

此线稿请复印后做上色练习

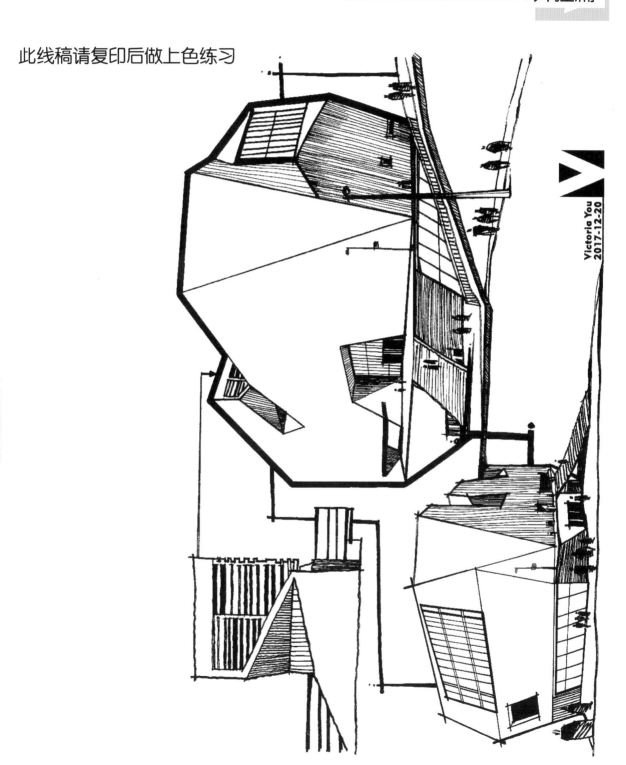

Victoria You
2017-12-20

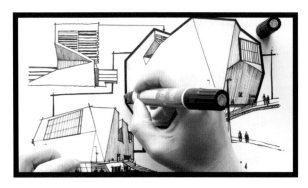

❶ 先用类似 WG3 号色的暖灰色平涂底色。

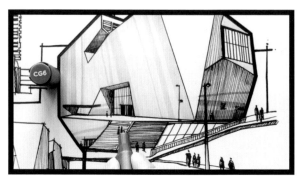

❷ 使用 WG5 号色或 CG6 号色对暗部进行深色叠加。

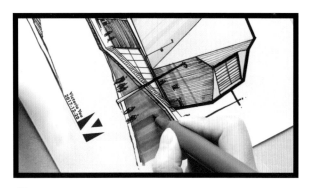

❸ 使用 CG6 号色绘制水泥墙。

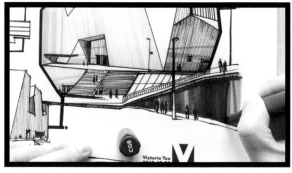

❹ 用 CG8 号色叠加暗部层次。

❺ 用 TOUCH/STA 68、FC236、MC003 号色绘制玻璃底色。

❻ 用 TOUCH/STA 74、FC92、MC114 号色叠加玻璃的环境反光和暗部。

7 使用高光笔绘制玻璃框的反光，得到立体感。

8 用黑色针管笔填补细节。

9 用浅绿色绘制底部玻璃幕墙的底色。

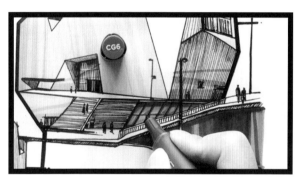

10 用CG6号色绘制玻璃幕墙的暗部和环境反射。

11 用高光笔绘制结构高光。

12 用高光笔提亮人物，拉开空间距离。

⑬ 用 WG3/FC263 号色绘制底色。

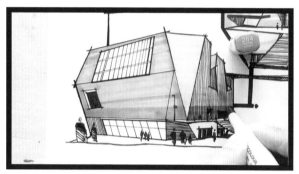

⑭ 再用 WG5/FC264 号色叠加光影效果。

⑮ 用浅绿色绘制底部玻璃颜色。

⑯ 用 CG4 号色绘制玻璃的阴影。

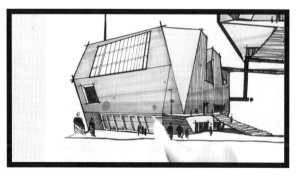

⑰ 用高光笔提亮框架结构。

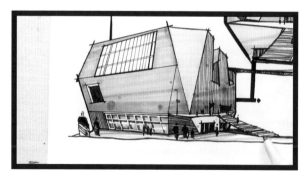

⑱ 用 CG4 号色给地面叠加光影效果。

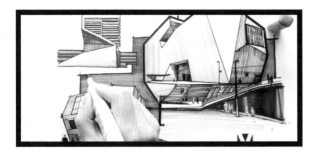

19 绘制背景色，突出主体物，注意冷暖对比。

20 用 TOUCH/STA 68、FC236、MC003 号色给玻璃幕墙铺底色。

21 用 TOUCH/STA 74、FC92、MC114 号色绘制环境反射，面积 20% 左右。

22 用 CG8 号色绘制暗部反射阴影，注意要有阴影轮廓。

23 用半透明油漆笔绘制云朵的投影。

24 用黑色针管笔填补缺失的轮廓和细节。

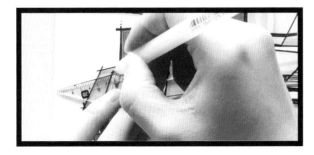

25 在尺子的辅助下用高光笔提亮结构。

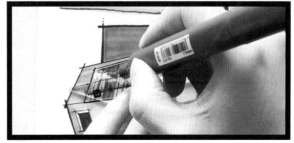

26 绘制结构阴影。

㉗ 挑选几根提亮结构,能得到更丰富的视觉效果。

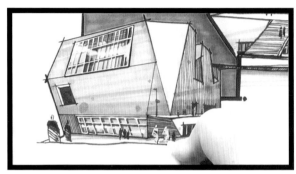

㉘ 提亮人物剪影来拉开空间距离。

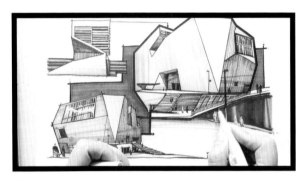

㉙ 用深灰色修饰细节。

㉚ 用浅灰色修饰玻璃的阴影及细节。

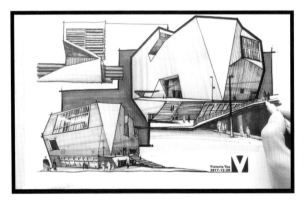

㉛ 最后用黑色针管笔完善细节和填补因上色而缺失的结构与轮廓线。

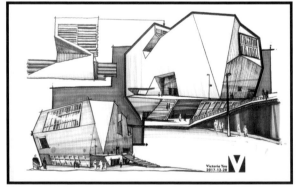

注意:一定要根据具体的结构形状来上色,切记不可以乱涂和多次叠加!

自信地开启马克笔之旅吧!

完成了各种练习，咱们来开几个彩蛋吧！

扫码看视频

示范 1

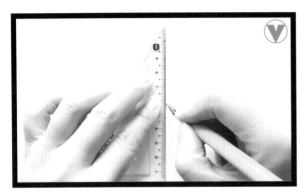

1 先画出成角透视的一根垂直线。

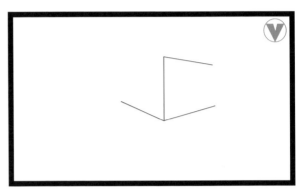

2 再随意画出三根无参照透视线。

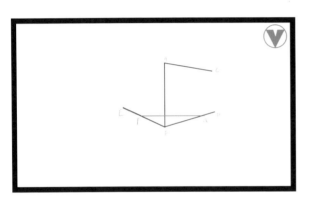

3 画一根连接下方两根透视线的水平线。

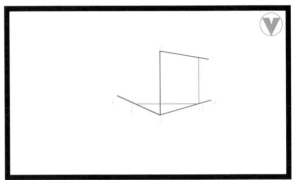

4 在水平线的两头画垂直线。

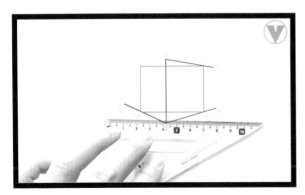

5 画一条水平线连接垂直线的上端。

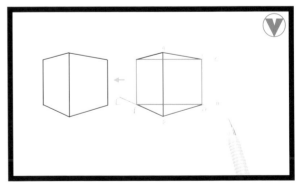

6 最后连接AH，就得到了一个透视准确的立方体。

示范 2

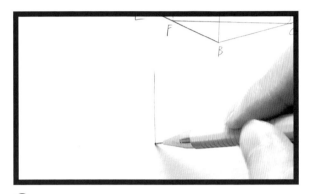

① 先用铅笔徒手画一根垂直线。

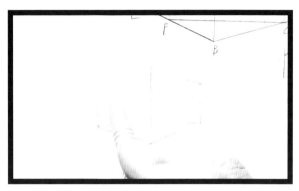

② 再按照之前所学画出长方体的外轮廓。

③ 可运用慢直线技法勾出轮廓。

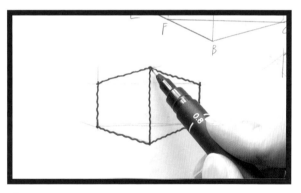

④ 轮廓绘制完成的效果。

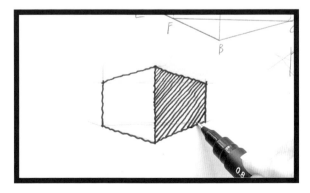

⑤ 在暗面画出阴影，塑造立体感。

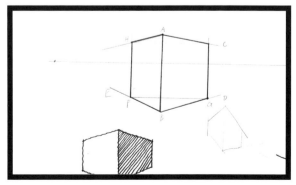

⑥ 完成绘制。

此线稿请复印后做上色练习

扫码看视频

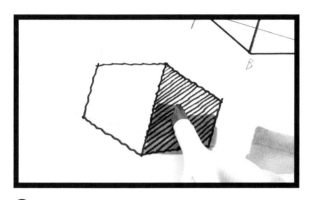

① 上色时根据自己顺手的角度旋转画纸。

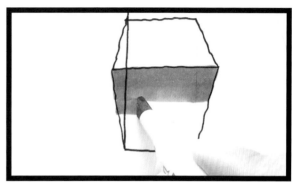

② 一定要将纸旋转至最适合上色的角度。

③ 不规则的色块可进行多次旋转。

④ 也可根据材质所需表现的效果进行旋转，以得到表现质感的笔触痕迹。

⑤ 转纸的原则就是让自己画得顺手。

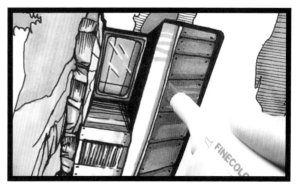

⑥ 转纸的时候还要根据上色需要旋转笔头。

❶ 渐变色上色前一定要用零号墨水浸染笔头。

❷ 上色时要注意用力均匀。

❸ 画双色渐变前浸染笔头时一定要垂直。

❹ 如果是使用三角笔头上色，绘制时要注意笔头成 45 度角。

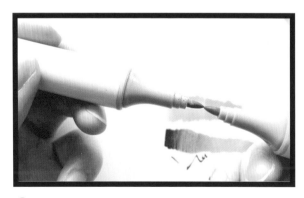

❺ 画多色渐变前要先按渐变色的先后浸染笔头。

❻ 绘制时同样要注意用力均匀。

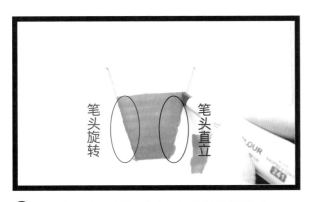

笔头旋转　笔头直立

⑦ 画不规则或倾斜物时请根据结构旋转笔头。

⑧ 画不规则曲面时可先用细头画外轮廓。

⑨ 然后用宽头先上一层色。

⑩ 再用宽头重复涂抹一次或者打圈式上色。

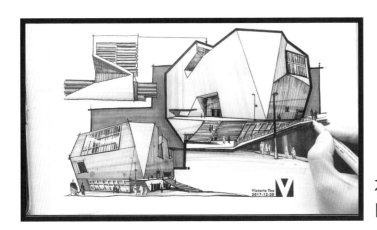

左图中就运用了
以上的上色技巧。

彩蛋篇

以上案例运用的就是渐变色画法。

希望这几个小彩蛋能让你的手绘更加有趣！

请大家一定要试试！

2017-05-22
Victoria You